# 世界の基地問題と沖縄

川名晋史 編
Shinji Kawana

明石書店

# はしがき

本書が刊行される2022年は沖縄の本土復帰50年の節目にあたる。この間、沖縄では米軍関連の事故や事件が多発し、基地の受け入れに対する県民の反発は依然として大きい。普天間基地の名護市辺野古への移設問題は日本の政治の争点となったまま長らく膠着している。それゆえ、沖縄の基地問題に関心をもつ人は多く、さまざまな立場の政治家や評論家がいろいろな角度から意見を表してきた。しかし、彼らのよって立つ知識や解決策を思考するための基準はまちまちであり、私たちがこの問題の全体像を理解するのは容易ではない。

沖縄の基地をめぐる立場には、あえて単純化すれば、基地の存在を肯定し、積極的に維持しようとする「保守派」と、それを容認せず、撤退・縮小を求める「リベラル派」の2つがある。前者は沖縄における基地の集中をあたかも「地理的宿命」のようなものと捉え、後者はそれを構造的な差別の結果だとみる。そのため両者の言葉は噛み合わず、政策の妥協点も見出しづらい。

問題なのは、こうした状況が人々に対して、沖縄の基地問題が難解であるだけでなく、「厄介」だとの印象を与えてしまうことである。とりわけ自らの生活圏に基地をもたない人にとってこの問題はまるでイデオロギー論争のように映っており、このことが沖縄基地問題の理解をますます遠ざける要因となっている。沖縄の基地をめぐる政治の停滞から脱するためには、まずはこの二項対立的な議論の図式から変えていかなくてはならない。

そこで本書は、基地問題に関心があるもののどこから勉強を始めたら良いのかわからない読者を対象に、あるいは特定の政治的立場にとらわれずにこの問題をフラットに考えてみたい読者を対象に、他国で起きている基地問題がいかなるもので、それと沖縄の基地問題がどのように違うのかを考える視点を示したい。本土復帰から50年を迎えた今、この問題を論じるうえで決定的に欠けているのは、他国との比較だろう。

## なぜ比較するのか

私たちは沖縄の基地に関連する情報をインターネットを通じて簡単に知ることができる。そこには事実とフェイクが混在しており、誤解や悪意に満ちた記事や動画ほど、人々の耳目を集めているようである。安全保障や軍事に関わる情報は本来的に機密性が高いがゆえに、記事を書く側もファクトチェックはなされないと高をくくっているのかもしれない。いずれにせよ、私たちが沖縄の基地問題を判断する根拠となる「信頼できる情報」を得るのは容易ではない。

とはいえ、情報リテラシーさえあれば沖縄の基地問題を正しく理解できるかというとそうでもない。たとえば、いまある人が沖縄で起きている問題に深い関心をもち、沖縄の歴史や政治・社会についての専門書や論文を手に取ったとしよう。しかし、どれだけ沖縄について学んでも、「沖縄」にとどまる限りは、この問題の全体像を理解することは難しい。問題の性質が沖縄に固有のものなのかそうでないのか、あるいは問題の程度が深刻なのかそうでないのかは、他との比較によらなければ十分に判断できないからである。日本政府の政策を批判したり（リベラル派）、擁護しようとする（保守派）場合も、その主張の根拠を日米安保や地位協定に見出すのか、あるいは日本本土の人々の態度に問題があるとみなすのかは、結局のところ他との比較の視点がなければ確かなことは言えないだろう。

そうであれば、私たちは沖縄の問題を理解するために、あえて一度、沖縄を離れてみなければならない。そうして十分に距離をとった地点から、沖縄で起きている問題をいま一度、見直してみる必要がある。

## 世界の基地ネットワークのなかの沖縄

比較の有効性は、実際の米国による基地の運用の問題に鑑みても疑いようがない。結局のところ、沖縄は米国の世界的な基地ネットワークの一部分にすぎないからである。

次頁の地図は米国の基地を受け入れている国と米本土外の地域を示したものである（Vine 2015）。それによれば、２０１５年の時点で米国は世界の６００〜８００地点に基地を置いている。ただし、この数は最大値とみておくべきであり、研究者によってはこれよりも少なく見積もる場合もある。いずれにせよ、米国の基地ネットワークの実態についてはこれまで必ずしも明らかでなく、したがって本書では**序章**にて、米国防総省の公式データにもとづいた最新の基地ネットワークの地図を示す。

基地（2015年）

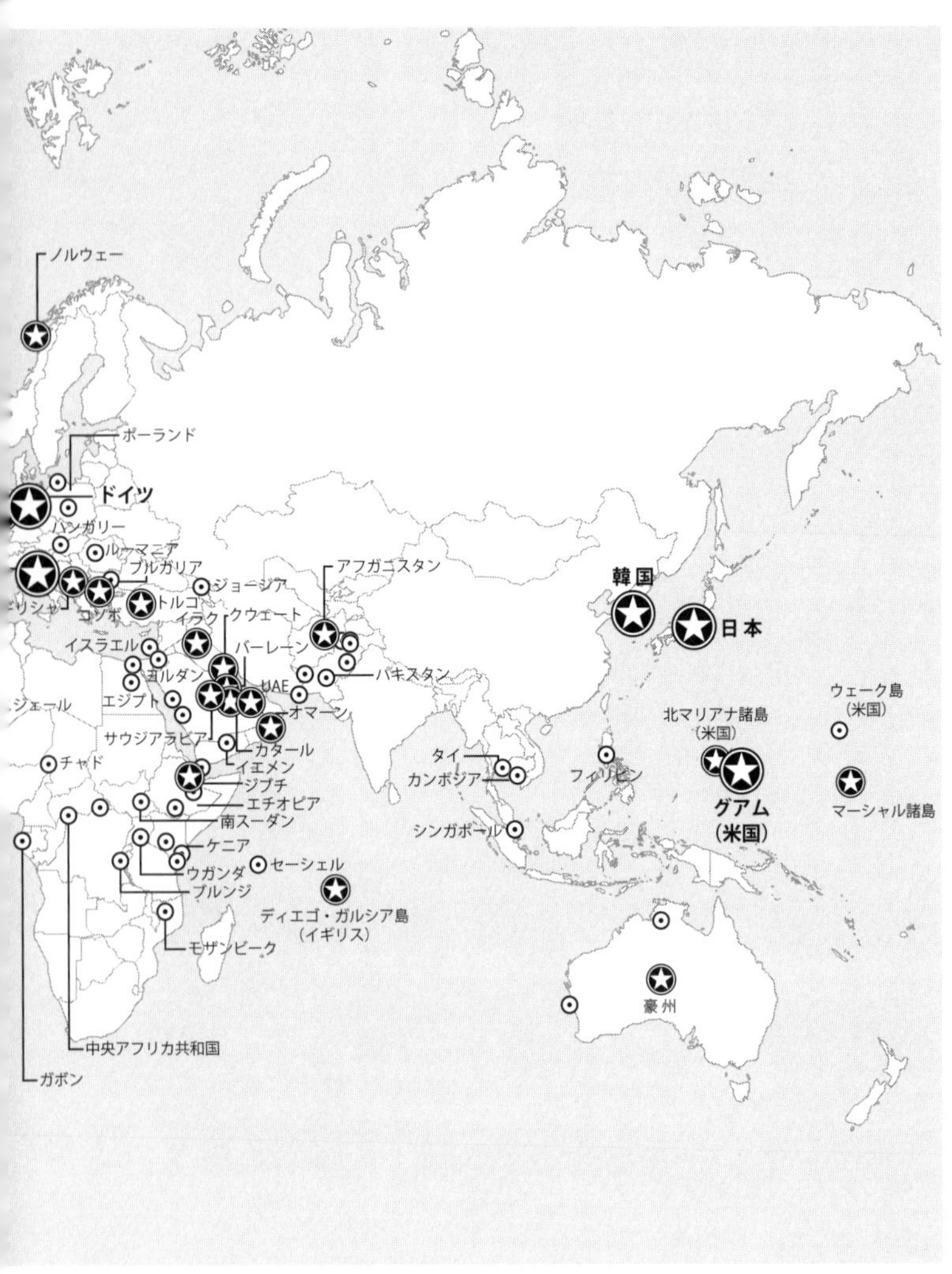


orld, Metropolitan Books, Henry Holt and Company, 2015, pp.6-7 をもとに筆者作成。

## 米本土外の米軍

出所：David Vine, *Base Nation: How U.S. Military Bases Abroad Harm America and the W*

ところで、基地を運用する米軍にとっての世界は私たちが想像するよりもはるかにその「国境線」が曖昧である。たとえば、日本と韓国の米軍基地はその運用においてセットで考えられているし、グアムやハワイ、フィリピン、シンガポール、豪州を含むインド太平洋地域は、いわば地続きの「面」で捉えられている。その意味において、沖縄の基地の戦略的重要性は沖縄の基地そのものに由来するというよりも西太平洋地域の他の基地がもつ代替能力に由来する場合がほとんどである。他国の基地がどのような能力をもつかによって、沖縄の基地の価値も変わってくるということである。

当然、そこでは日本本土vs.沖縄といった日本で表出しつつある政治的な分断線が意識されることも稀である。米国は言うなれば、われわれとは異なる「地図」を手に基地政策を立案しているようなものであり、そうであればこそ必要なのは、場合によっては沖縄の基地そのものの理解よりも、世界の基地ネットワーク全体に対する理解なのである。

では、他国の米軍基地とはいかなるもので、そこで生じている基地問題とは何なのか。本書にはこの疑問に答えるためのヒントがちりばめられている。膠着する沖縄の基地問題を「解決」に向けて動かしていくための第一歩は、他を知ることにある。

### 本書の構成

本書は比較を容易にするために、共通する4つのテーマを置いている（ただし、基地が置かれる国や地域の性質上、一部の章では異なるテーマを設定している）。第1が基地の歴史であり、第2が当該国での基地問題の性質とその解決に向けた政策である。第3は地位協定であり、最後が沖縄への含意である。

以下、**序章**ではまず米国の世界的な基地ネットワークの全体がどうなっているのかを概観する。それをふまえて、**第1章**では、本書の土台となる沖縄の基地問題の性質を確認する。その後、第Ⅰ部「欧州」、第Ⅱ部「中東・アフリカ」、第Ⅲ部「アジア・太平洋」、第Ⅳ部「米領」に分割し、米軍基地を受け入れる計13の国と地域を取り上げる。そのなかには、日本の山口（岩国基地）、そして日本の海外基地であるアフリカのジブチの事例も含まれる。また、米国の海外領土であるグアム（準州）とプエルトリコ（自治連邦区）も取り上げる。

なお、本書では日米地位協定（⇒**第1章**）の比較対象として、NATO軍地位協定がたびたび参照される。NATO軍地位協定（1951年6月署名、1953年8月発効）とは、NATO加盟国に駐留するNATO軍の法的地位を定めた基本条約である。

NATO軍地位協定と日米地位協定の最大の違いは、その互恵性にある。NATO軍地位協定では、米国を含めた加盟国は軍を派遣する国（派遣国）にも受け入れる国（接受国）にもなりうる。他方、日米地位協定では、派遣国が米国、接受国が日本と固定されている。後者の場合、立場の逆転が起こらないため、地位協定は派遣国に有利なものになりやすいと考えられる。

世界の基地問題と沖縄◇目次

# 序章　基地と世界

川名 晋史

**要点**

。日本にある米軍基地は数、規模、資産価値のいずれをとっても世界で突出している。沖縄の基地問題は日本の国内政治問題であり、また国際政治の問題でもある。

。海外に展開する米軍の数は、米国の軍事戦略の変容に応じて増減する。一方、基地を受け入れる国の数は長期的に安定している。

。米軍の部隊（ソフト）の問題と基地（ハード）の問題は分けて考えなければならない。前者を理解するには「軍事」の視点が必要だが、後者を理解するには政治や経済を含む「社会」の視点が必要である。

基地とは何か。こう聞かれて、すぐに答えられる人はほとんどいない。研究者の間でもその定義は曖昧で、英語表記すら一意に定まらない。たとえば、基地を意味する英語にはよく知られているbaseだけでなく、site、station、camp、fort、postなどがあり、それらは軍種（陸、海、空、海兵隊）や状況によって使い分けられる。

もっとも、米国が公式に定める基地の定義もないわけではない。「所有、借用、あるいはその他の方法により国防総省が管轄する物理的（地理的）地点」というのがそれである。なんとも味気ないが、国防総省／軍が管理主体となっている不動産を基地とみなすということである。ちなみにこの定義だと、飛行場や港などの巨大な軍事施設はもちろん、検問所や病院、学校、ゴルフ場、映画館等のリクリエーション施設までが「基地」となる。このように施設の機能や用途ではなく、誰が管理するか（国防総省かそうでないか）によって基地かそうでないかを分かつのはいかにも官僚的だが、それでも基地のネットワークの外縁を捉える際には便利な手法である。というのも、米国防総省は毎年、彼らのもつ不動産リストを公開しているからである。

そこで本章は、ひとまず上記の定義を採用し、米国の海外基地を「外国において国防総省が管理する不動産」と考えることにする。そうすることで、米国の世界的な海外基地ネットワークの全体像をつかみ、それを通じて沖縄と（沖縄を含めた）日本のそこでの相対的な位置づけを確認していこう。

## 1　基地のネットワーク

国防総省のデータによれば、米国は２０１８年時点で世界に６２５の海外基地を有している(BSR 2018)(本書執筆時の最新データ)。ただし、それは基地のなかでも特に面積が約４万㎡(10エーカー、東京ドームとほぼ同じ)以上で、かつその資産価値が１０００万ドル以上に限った話である。そのため、実際の「基地」の数はその十倍、百倍に上るとの指摘もある(Vine 2015)。

もちろん今日、海外基地をもつ国は米国だけではない。イギリスとフランスは旧植民地にあわせて13か所、ロシアは旧ソ連諸国に9か所、韓国、オランダ、インド、豪州、チリ、トルコ、イスラエルは各々１か所、海外基地をもっているとされる。中国もいくつかの国で基地の建設を進めており(ただし、中国自身は軍事基地であるとは認めていない)、日本は２０１１年以降、アフリカのジブチに基地を置いている。もっとも、それらの国が置いている基地の数と規模は米国のそれとはおよそ比べものにならない。

本章が米国の基地ネットワークの全体像を理解するために使用するデータは2つある。ひとつは既出の国防総省の不動産リスト*Base Structure Report*(以下、ＢＳＲ)であり、もうひとつは国防総省が雇用している人員(軍人／文民)のリスト*Active Duty Personnel Strengths By Regional Area and By Country*(以下、ＡＤＰＳ)である。ＢＳＲには個別の施設に関する情報が記載されており、したがって、ある一時点における特定の基地の細かな状況を知ることができる。一方、データの連続性には問題もあり、経年的な変化を理解するには不向きである。また、進行中のオペレーションへの影響を考慮し、年によってはイラクやアフガニスタンにあるはずの施設が記載されていない。

後者のデータは1950年以降、今日に至るまでの現役の兵員（active duty）の海外展開人数が国ごとに記されており、長期のトレンドを把握するのに適している。ただし、そこからわかるのはあくまでも兵員の数であり基地そのものではない。そこで本章では便宜的に100人以上の米兵が駐留している国を、基地が置かれている国（接受国）として扱うことにする。この100人という数字はいわば「研究者の合意」であり、本来的に機密性の高い基地を外形的に捉えようとする研究者の長年の知恵でもある。

このように国防総省が公表する2つのデータは、それぞれ一長一短があり、正確性については留保が必要である。そのため、以下では適宜、それらを補完的に組み合わせて用いていく。

### 1　基地を受け入れている国

BSRのデータによれば、2018年時点で米国は33の国と地域に基地を置いている。この数字は2018年版のADPSでも同じである（ただし、個別の国は一致しない）。現在、196ある国のうち、およそ17%が米国の基地を受け入れているという計算である。それらの国（地域）をマッピングしたのが**図序−1**である。

次に、**図序−2**は2018年時点での接受国を施設数順と兵員数順に並べたものである。まず、施設数（左側）をみていこう。上位は日本、韓国、ドイツであり、1位の日本には7000以上の個別の施設（たとえば、倉庫、滑走路、住宅、通信アンテナ等々）があり、2位以下の韓国とドイツを1000以上、引き離している。

右は、ADPSから算出した接受国（つまり、100人以上の兵員が駐留している国）を兵員数の順に並べている。ただし、この数字には一時的な任務に就いている者や、民間軍事会社等に雇用されている者は含まれておらず、基地に駐留する「兵力」を正確に反映したものとは言い難い。そのため、より実態に近い数字については本書各章を参照してほしい。

そのことをふまえたうえで、上位に位置するのはやはり日本、ドイツ、韓国である。この3か国でじつに全体の70％を占めている。なかでも突出しているのが日本であり、約5万4000人が展開しているとされる。

経年的にみてみよう。**図序−3**は1950年から2020年までを対象に、沖縄（米軍統治下を含む）を含めた日本に駐留する米軍兵員数の推移を表したものである。この間、日本には年平均で約6万5000人（最大は1954年の21万2500人、最小は2007年の3万3068人）が展開している。**図序−3**からわかるように1970年代半ば以降、米軍の兵員数（定数）は安定しており冷戦終結の影響も、また9・11テロの影響も受けているようにはみえない。

なお、ADPSのデータは日本本土と沖縄を分けていないため、それぞれにどれだけの数の米軍が駐留しているのかはわからない。だが、2011年の時点では概ね3：7の割合で本土と沖縄に駐留していたと言われている（沖縄県知事公室 2021）。

他のアジア諸国はどうか。**図序−2**［右］をみると、アジアで2番目の兵員数が確認されるのは

図序-1　接受国と施設数／兵員数

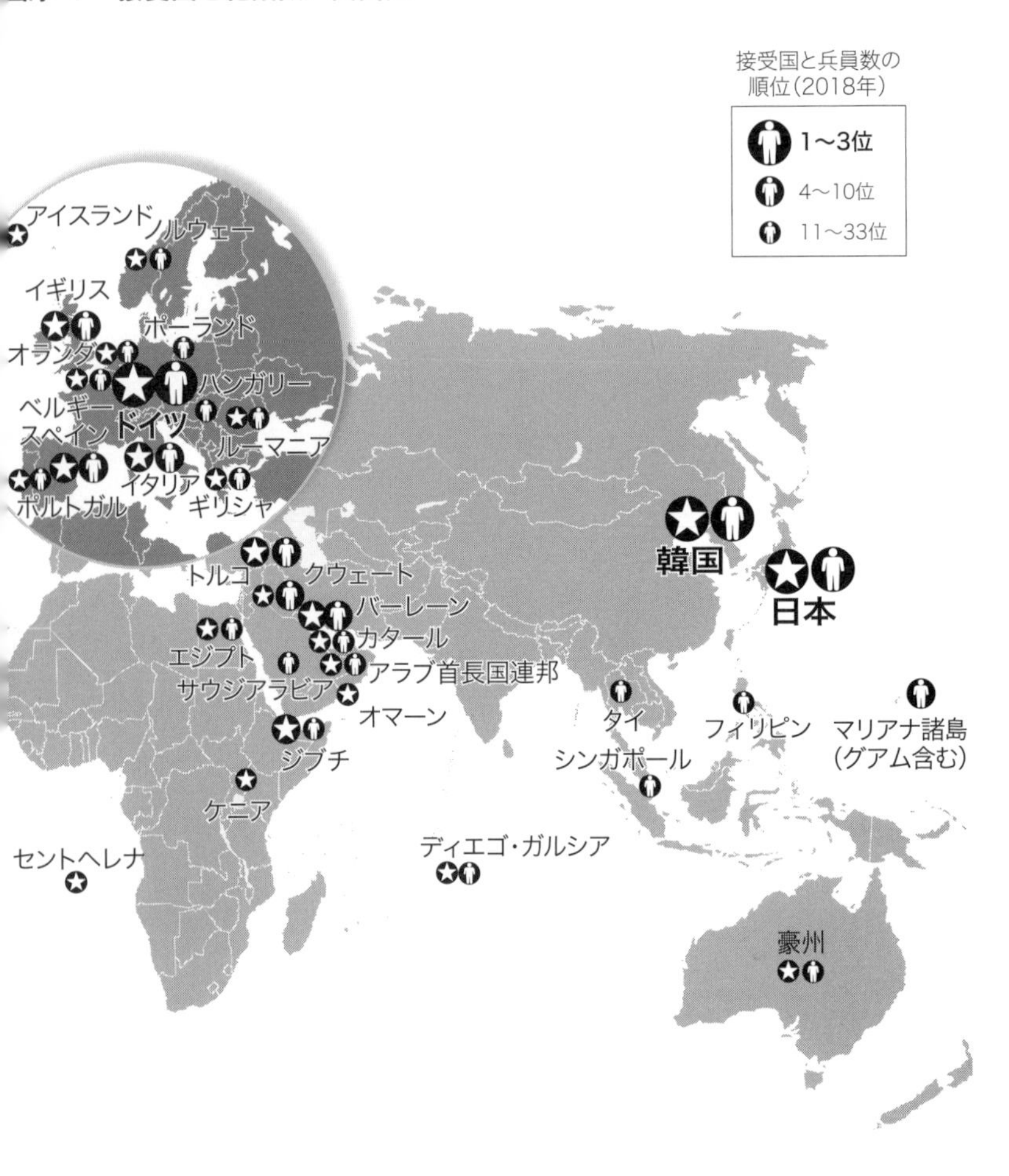


もとに筆者作成。

韓国であり、1950年から2020年までの間に平均約4万7000人が展開している。次いで、1992年まで基地が存在していたフィリピンでは、1950年から1992年（基地撤退時）にかけて平均1万5783人が展開していた。基地撤退後は数が激減し、2020年までの間に平均330人が展開している。これはフィリピンの国内テロ対策に米軍が協力しているためである。

欧州で突出しているのはドイツである（図序-2［右］）。ドイツでは1950年から2020年まで、平均して16万500人の米兵が展開している（最大は1962年の27万4119人）。しかしながら、冷戦終結後は漸減傾向にあり、2020年時点では約3万3000人で、日本よりもかなり少ない。欧州でドイツに次ぐのはイタリアだが2020年時点で1万2247人、1950年以

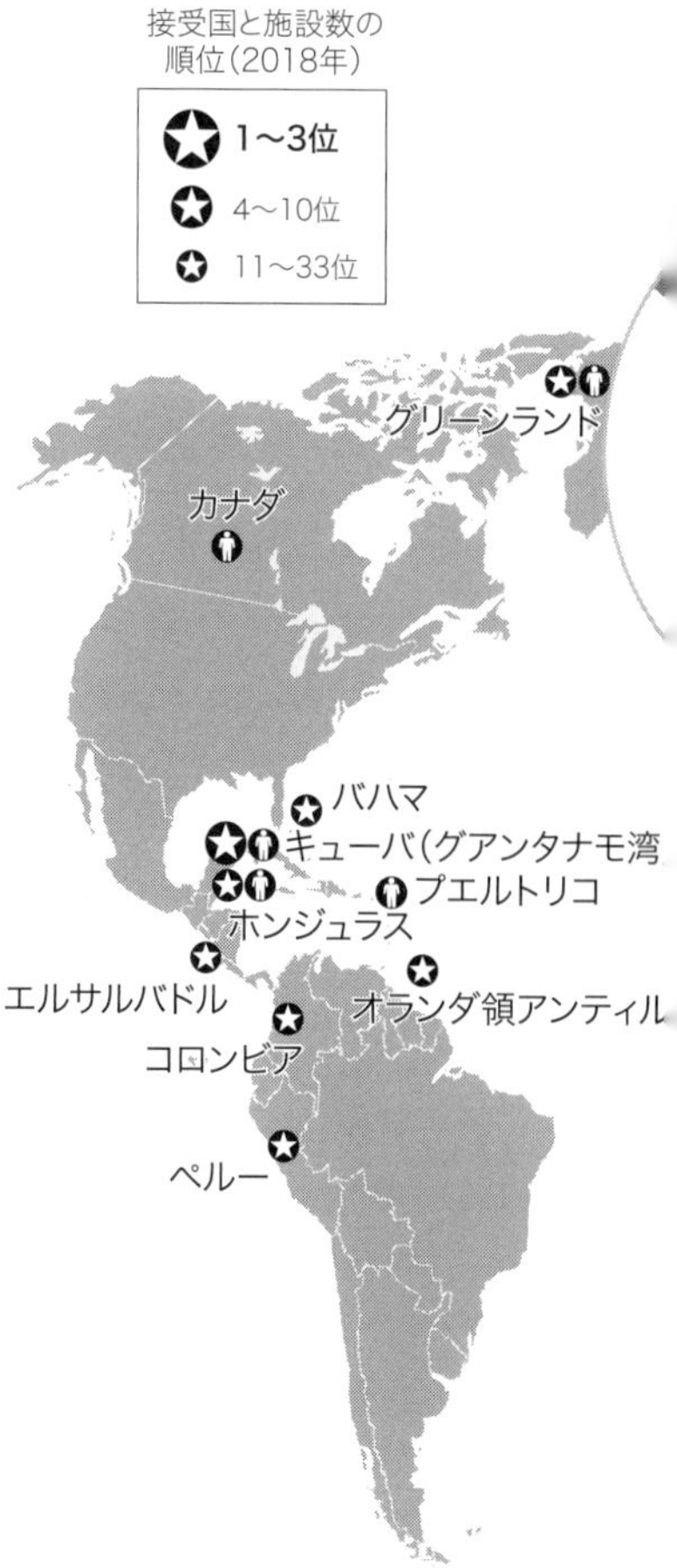

出所：ADPS（2018）および BSR（2018）を

## 図序-2　接受国と施設数順位／兵員数順位

| 国・地域 | 施設数 | 順位 | 兵員数（人） | 国・地域 |
|---|---|---|---|---|
| 日本 | 7,112 | 1 | 54,262 | 日本 |
| 韓国 | 5,891 | 2 | 35,088 | ドイツ |
| ドイツ | 5,707 | 3 | 25,812 | 韓国 |
| イギリス | 2,117 | 4 | 12,701 | イタリア |
| ジブチ | 1,599 | 5 | 9,113 | イギリス |
| イタリア | 1,598 | 6 | 6,200 | マリアナ諸島(グアム含む) |
| キューバ（グアンタナモ湾） | 1,420 | 7 | 3,972 | バーレーン |
| スペイン | 1,003 | 8 | 3,602 | スペイン |
| バーレーン | 988 | 9 | 1,863 | クウェート |
| トルコ | 714 | 10 | 1,695 | トルコ |
| ディエゴ・ガルシア | 623 | 11 | 1,496 | 豪州 |
| ポルトガル | 260 | 12 | 1,048 | ベルギー |
| グリーンランド | 193 | 13 | 954 | ジブチ |
| クウェート | 192 | 14 | 824 | キューバ（グアンタナモ湾） |
| バハマ | 141 | 15 | 783 | カタール |
| ホンジュラス | 128 | 16 | 473 | ノルウェー |
| セントヘレナ | 118 | 17 | 467 | ホンジュラス |
| ベルギー | 110 | 18 | 414 | アラブ首長国連邦 |
| ギリシャ | 75 | 19 | 410 | ギリシャ |
| 豪州 | 74 | 20 | 373 | オランダ |
| オランダ | 45 | 21 | 316 | タイ |
| エジプト | 27 | 22 | 313 | サウジアラビア |
| ルーマニア | 25 | 23 | 299 | ディエゴ・ガルシア |
| カタール | 22 | 24 | 294 | ルーマニア |
| アラブ首長国連邦 | 17 | 25 | 280 | エジプト |
| エルサルバドル | 14 | 26 | 233 | ポルトガル |
| オランダ領アンティル | 13 | 27 | 202 | ハンガリー |
| アイスランド | 7 | 28 | 198 | シンガポール |
| オマーン | 7 | 29 | 157 | プエルトリコ |
| ペルー | 7 | 30 | 150 | ポーランド |
| ケニア | 6 | 31 | 147 | グリーンランド |
| コロンビア | 1 | 32 | 144 | フィリピン |
| ノルウェー | 1 | 33 | 140 | カナダ |

出所：*Base Structure Report*（FY2018）および *Active Duty Personnel Strengths By Regional Area and By Country*（FY2018）をもとに筆者作成。

図序-3　日本に展開する米軍兵員数（1950〜2020年）

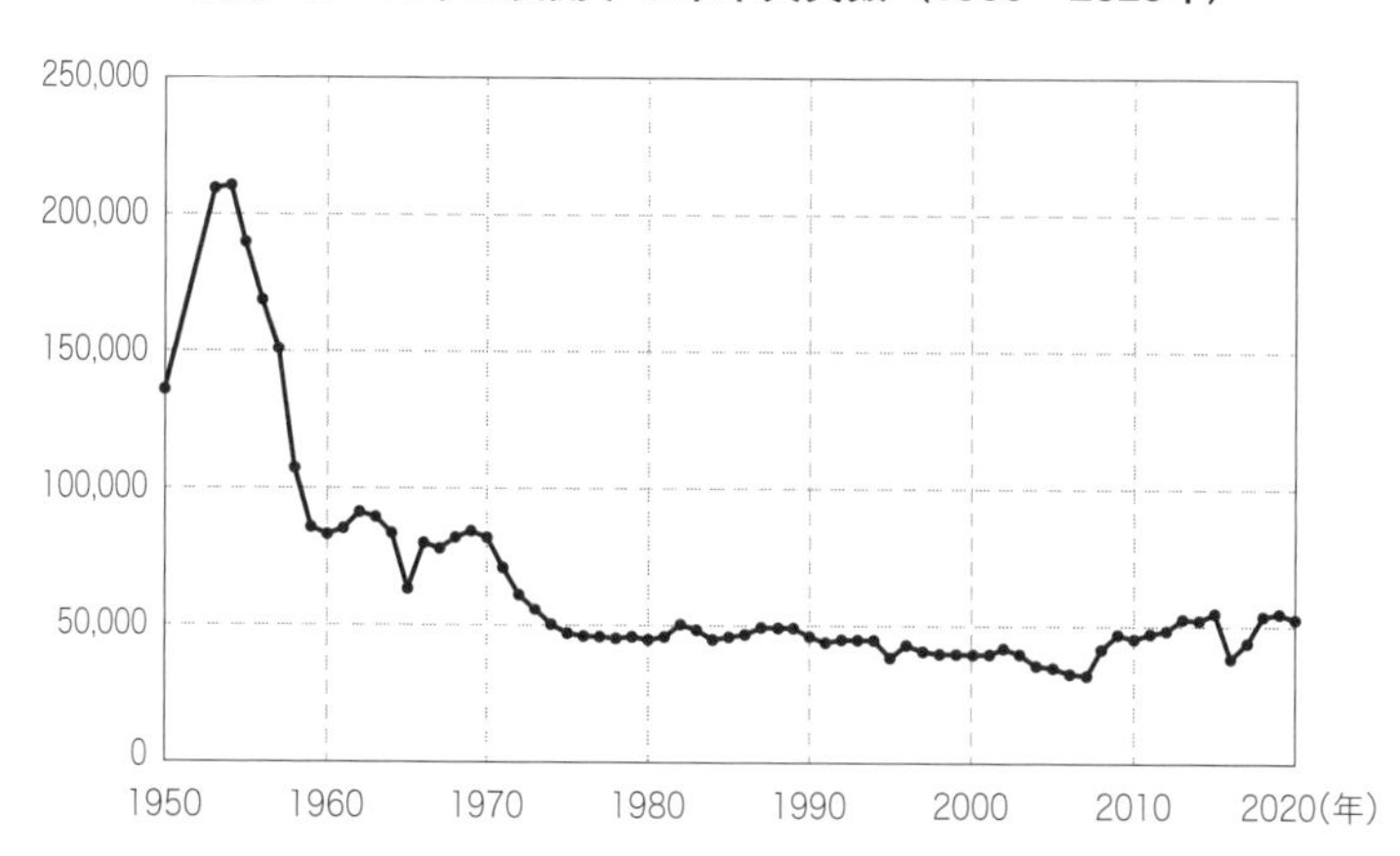


出所：*Active Duty Personnel Strengths By Regional Area and By Country* をもとに筆者作成。

降の平均をとっても約1万1469人である。

## 2　基地の空間規模

次は、基地の空間規模である。**図序-4**は接受国別にみた基地の空間規模（総平方フィート）の上位10を示したものである。一方、**図序-5**は個別の基地の空間規模を示している。**図序-4**に記載のある国は、**図序-2**［左］の顔ぶれと概ね一致する。施設が増えれば、基地の空間規模も自ずと大きくなるということだが、目を引くのはここでも日本とドイツである。

個別の基地（**図序-5**）をみても、上位にあるのは日本と韓国、そしてドイツである。なかでも注目すべきは日本だろう。ここでは上位10施設のうち、6施設が日本である。最大規模を誇るのは沖縄の嘉手納基地（嘉手納町・沖縄市・北谷町）であり、ほかにもキャンプ・フォスター（キャンプ瑞慶覧）（沖縄市・宜野湾市・北谷町・北中城村）が

図序-4　接受国別の空間規模

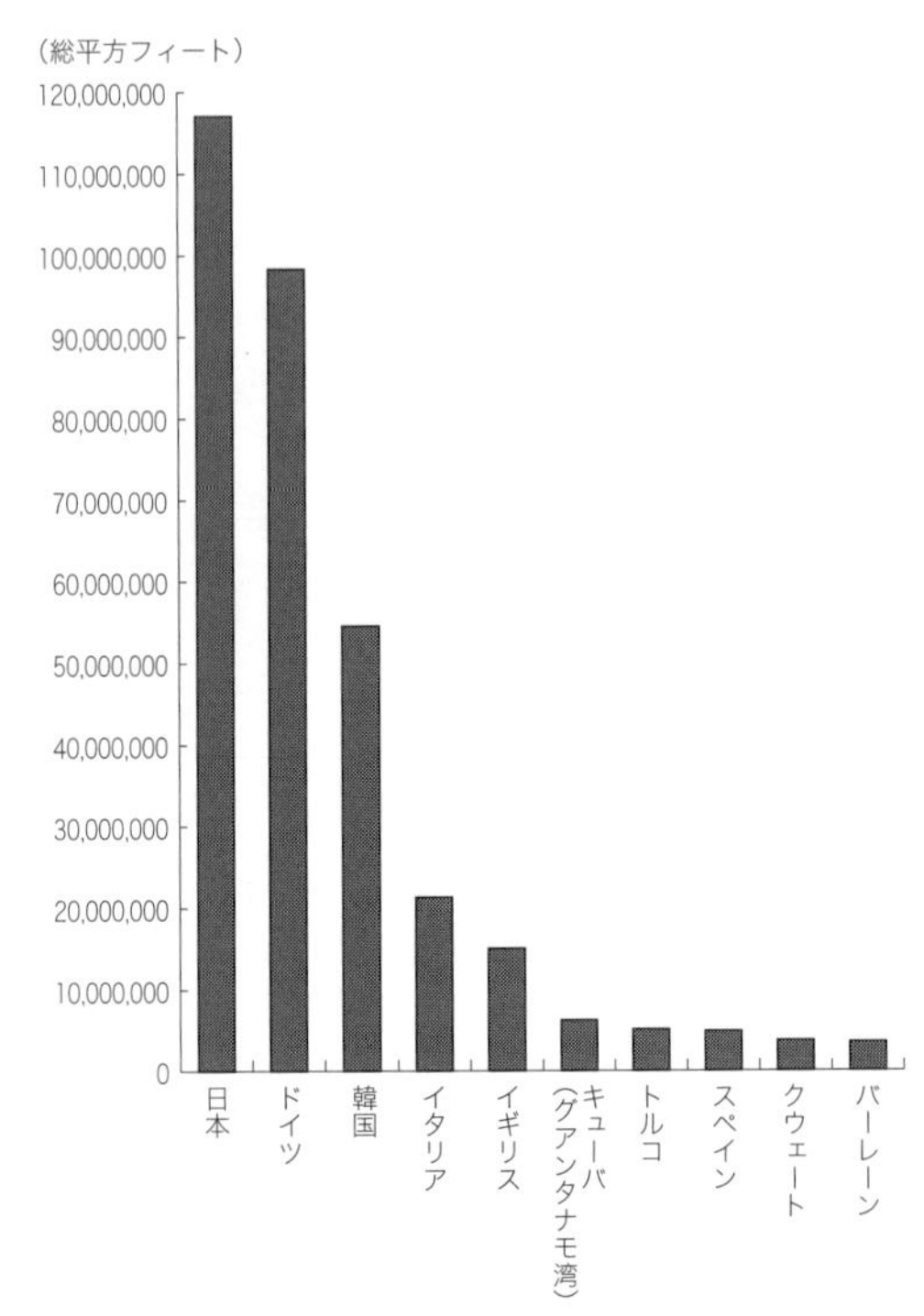


出所：*Base Structure Report*（FY2018）をもとに筆者作成。

上位に入る。また圏外では、沖縄のキャンプ・キンザー（牧港補給地区）（浦添市）が11番目に位置しており、上位11位までに占める沖縄の割合は15％である。日本本土に目を移せば、在日米軍の主要基地として位置づけられる横須賀、横田、岩国、三沢が上位に並ぶ。

### 3　基地の資産価値

次は、基地の資産価値である。基地の資産価値（Plant Replacement Value: PRV）とは任意の時点での軍の建築基準および接

図序-5　基地別の空間規模

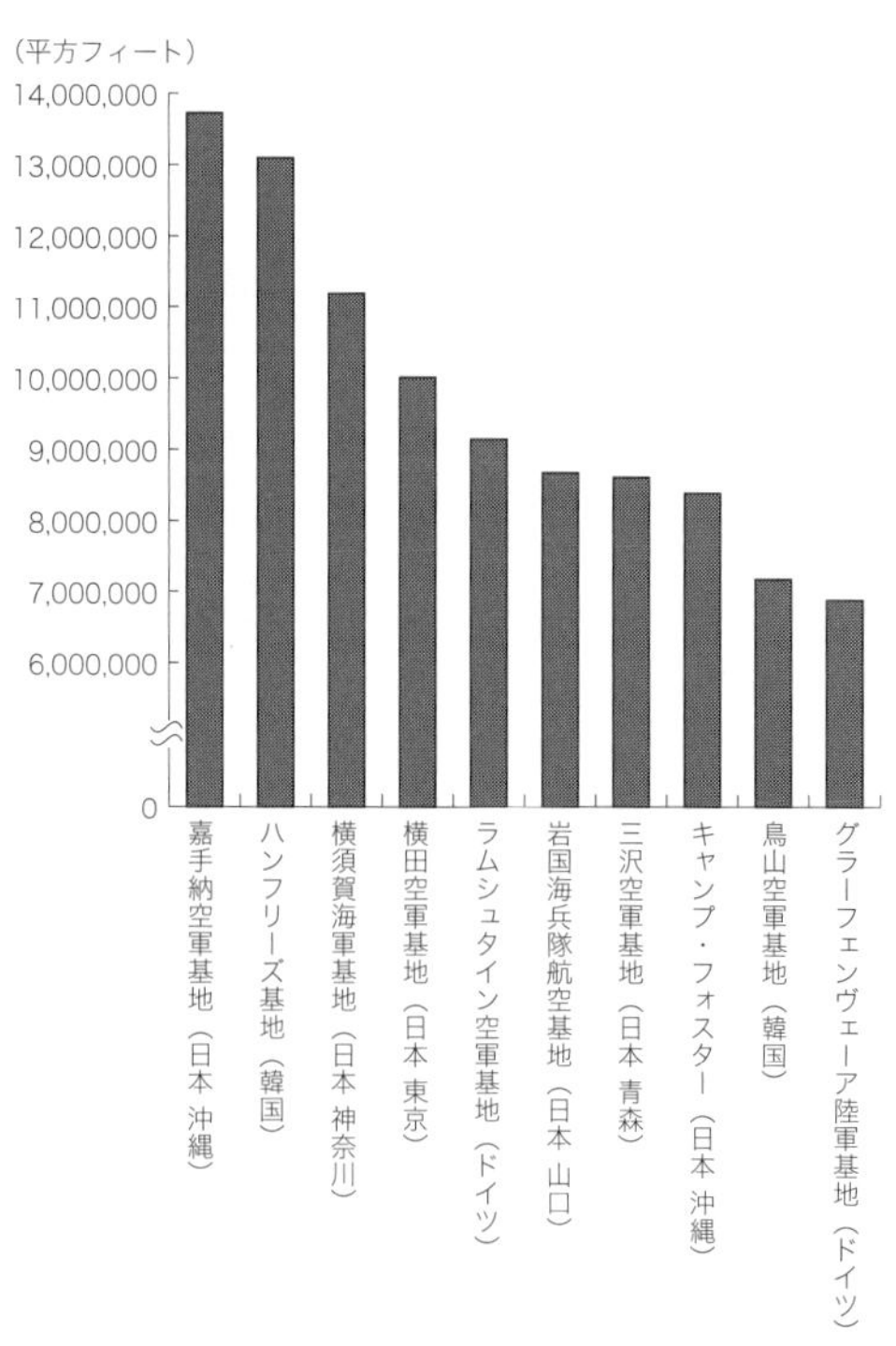


出所：*Base Structure Report*（FY2018）をもとに筆者作成。

受国の国内法にもとづいて、当該基地を再設置しようとするときに生じる費用のことである。すなわち、PRVが高いほど基地を再設置できる可能性は低く、その意味において基地の価値は高い。もっともこれは基地の戦略的価値ではなく経済的価値であり、その意味を過大評価すべきではない。とはいえ、基地の資産価値と戦略的価値の間には相関関係があることも確かである。というのも、戦略的重要性の高い基地ほど、米国はそこに追加

## 図序-6　資産価値の合計（接受国別）

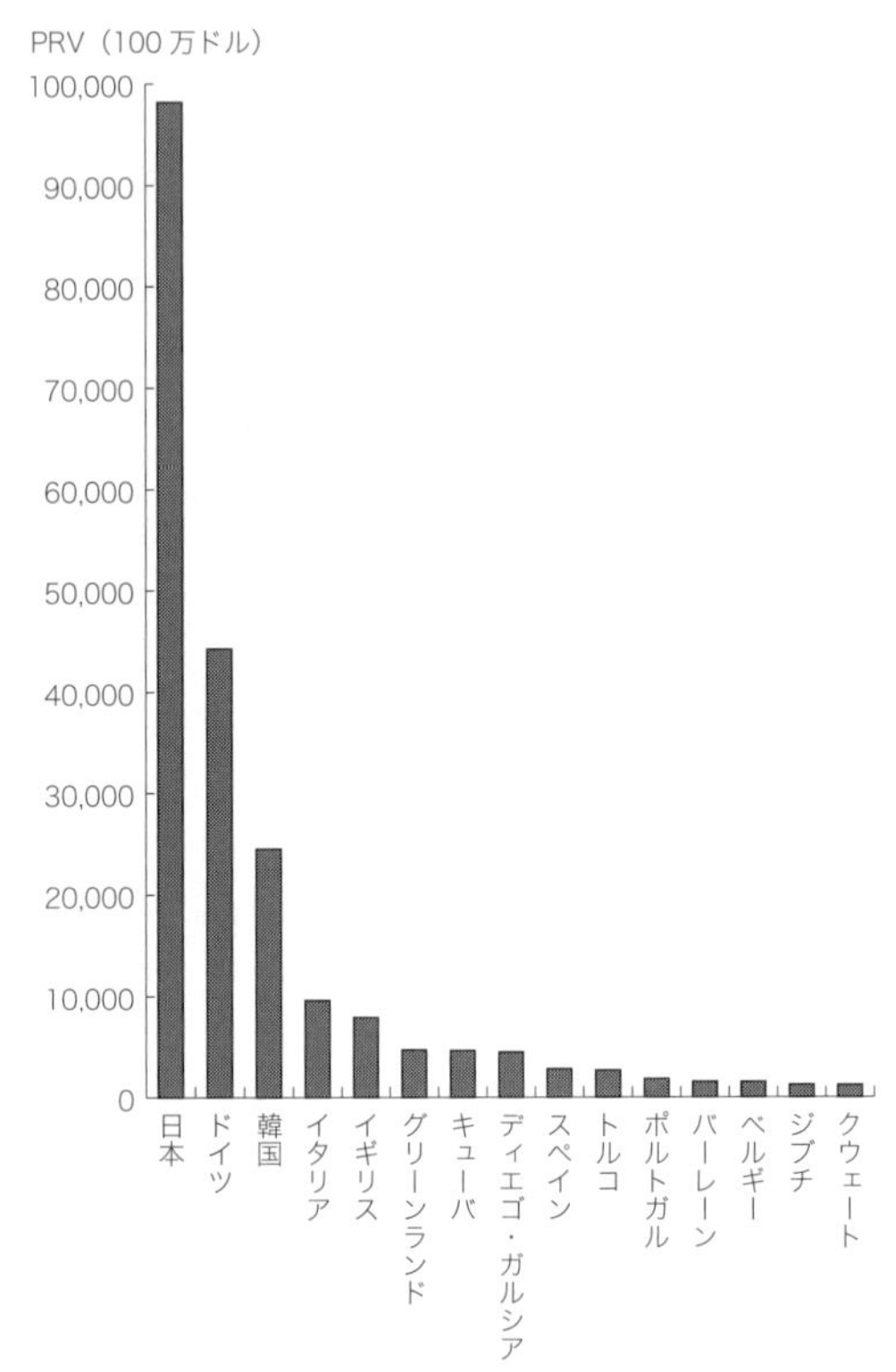


出所：*Base Structure Report*（FY2018）をもとに筆者作成。

的な投資を行うからである。基地が定期的に整備・修繕されれば、自ずとその資産価値は高くなる。また、資産価値の高い基地はたんに代えが効かないだけでなく、財政的な意味でもその有効利用が求められる。基地を「遊ばせ」ておくわけにはいかないからである。そのため当該基地に与えられる任務は定期的に更新され、戦略環境に合致した機能を備えて

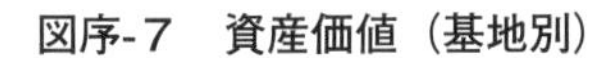

図序-7　資産価値（基地別）

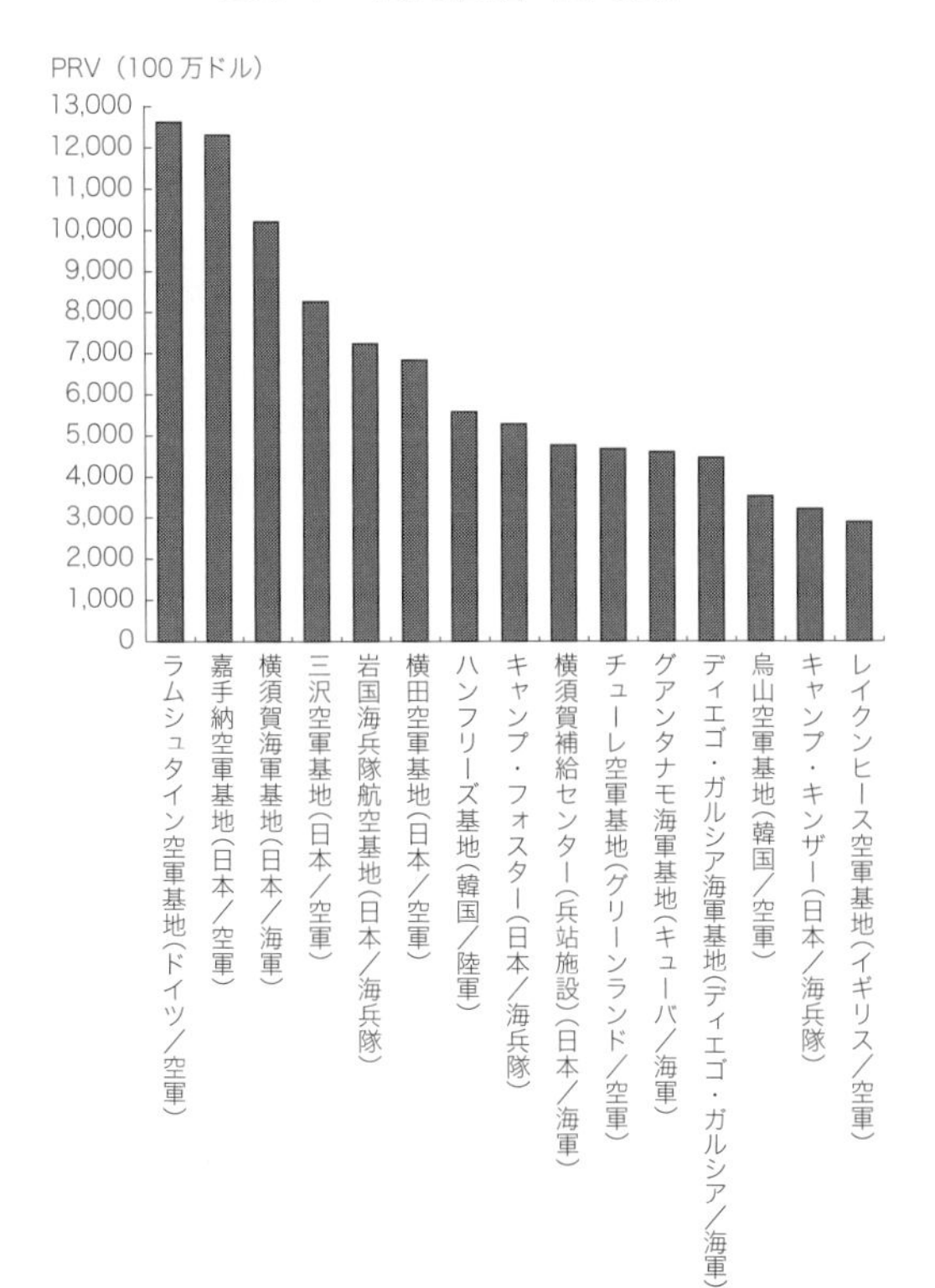


出所：*Base Structure Report*（FY2018）をもとに筆者作成。

いく可能性が高い。

**図序－6・図序－7**は、基地の資産価値の上位15を接受国と基地の別に示したものである。上位には、なるほど米国が戦略的に重視する基地が軒を連ねている。そのなかでも日本は抜きん出ている。接受国別でみれば日本の基地は2位のドイツの倍以上の資産価値があり、その額は上位15までを足し合わせた額の47％にも及ぶ。基地別でみても、上位15のうち8つが日本、そしてうち3つが沖縄である。沖縄では嘉手納の資産価値が最も高く、次いでキャンプ・フォスター、キャンプ・キンザーと続く。ちなみに、ドイツのラムシュタイン空軍基地と嘉手納基地は例年、順位を入れ替えているものの、常にどちらかが1位である。

日本以外に目を向けると、接受国別ではここでもドイツと韓国が上位にあり、イタリア、イギリス、グリーンランド（⇒**第2章**）がそれに続く。なお、グリーンランドのチューレ空軍基地は空間規模では46位だが、資産価値では10位である。このことは、空間規模と資産価値が必ずしも比例するものではない（基地が大きければ資産価値が高いというわけではない）ことを示すものである。

## 2　長期的傾向

### 1　グローバル

基地ネットワークの長期的な傾向はどうだろうか。**図序Ⅰ－8**は、ADPSのデータにもとづいて1950年から2020年までの接受国数の推移を示したものである。繰り返せば、BSRは長期の分析には適さず、逆にADPSはそれに適している。これをみると米国は過去70年間、平均して1年あたり32の国と地域に基地を置いている（中央値は31）。既述のBSR（2018）の数字が33であったことに照らしても、この数字の信頼性は高いといえる。

一方、**図序Ⅰ－9**は1950年から2020年までの兵員（現役）の海外展開人数を示したものである。**図序Ⅰ－8**（接受国数）と**図序Ⅰ－9**（兵員数）を比べてみると、傾向の違いが一目瞭然である。

図序-8　接受国数の推移（1950～2020年）

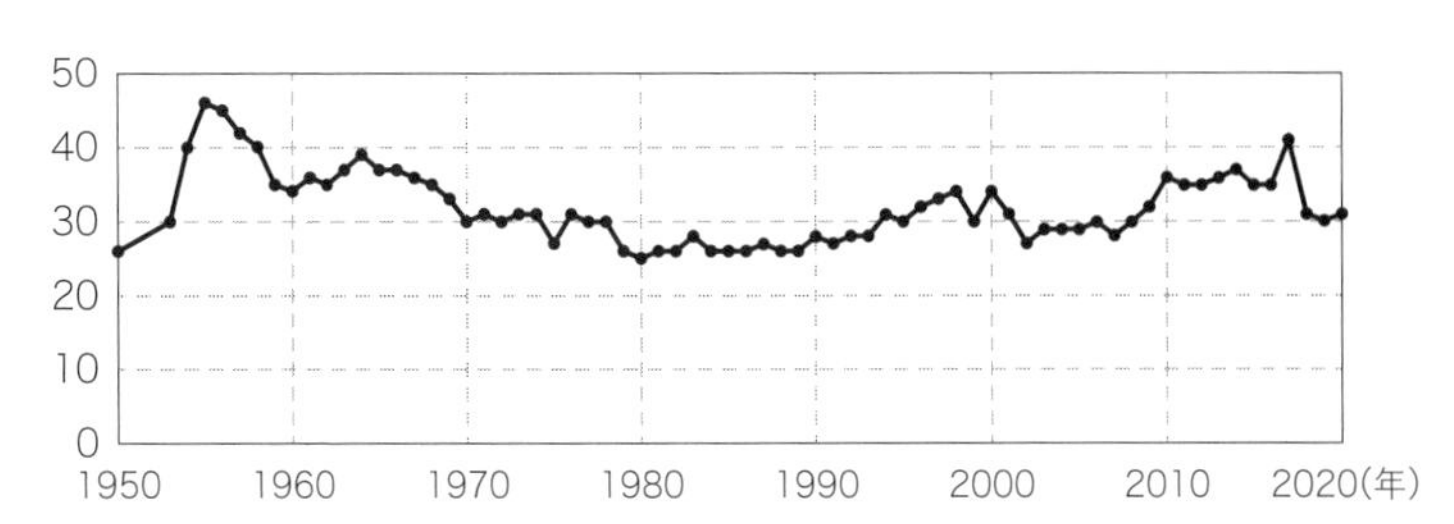


出所：*Active Duty Personnel Strengths By Regional Area and By Country* をもとに筆者作成。

兵員数の変動が接受国数のそれに比して明らかに大きいのである。兵員数は、米国が関与する武力紛争の影響を直接的に受けている可能性が高い。**図序-9**に現れる2つのピークは朝鮮戦争とベトナム戦争であり、その数はベトナム戦争後に安定期に入り、冷戦終結によって下限の20万人にまで減少した。2001年（9・11テロ）以降に再び冷戦期のレベルにまで数を戻し、近年は90年代と同等のレベルに落ち着いている。

他方、接受国数（**図序-8**）は相対的に変動が小さい。また米国が関与する武力紛争の影響もほとんど受けていないようにみえる。なお、1964年あたりに一時的に接受国数が増えているが、これは国防総省がアラスカ等を「外国」として扱ったことの影響であり、無視して構わない。それをふまえれば、基地の接受国数は朝鮮戦争からベトナム戦争の時期にかけて漸減し、そこで下げ止まったとみることができる。その後、NATO（北大西洋条約機構）の東方拡大等によって数が微増し、2000年代以降はいわゆる「軽い」基地を中東やアフリカに新設することで一時的に漸増傾向がみられる。近年米国は対テロ戦略の一環として、冷戦期のような固定的かつ大規模な基地ではなく、アクセスや共同使

図序-9　海外展開兵員数（1950～2020年）

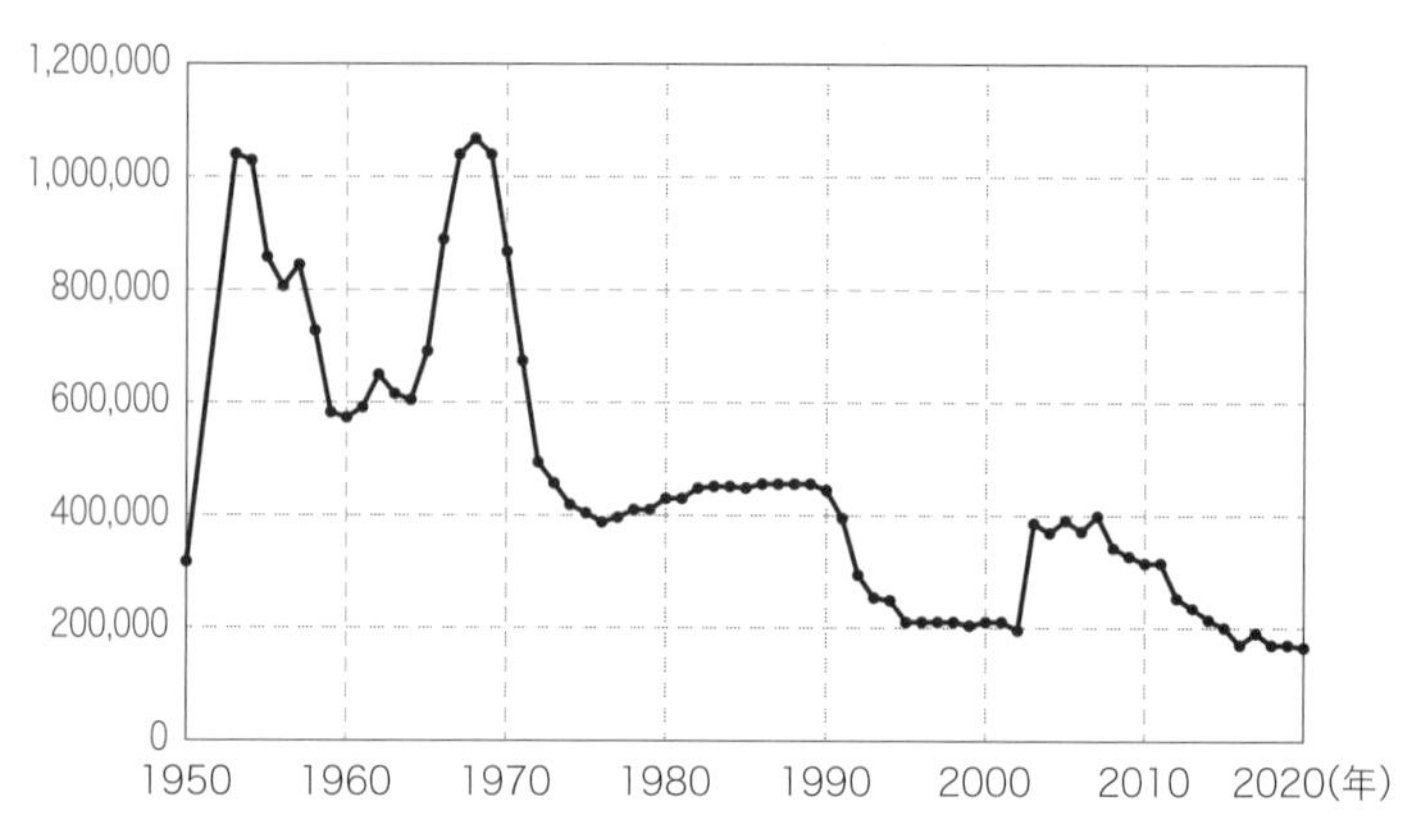


出所：*Active Duty Personnel Strengths By Regional Area and By Country* をもとに筆者作成。

用をメインとした機動性の高い基地を重視している。

## 2　地域別

今度は地域別にみてみよう。**図序－10**は、北東アジア、東南アジア、大洋州、中東、西半球、欧州、旧東欧圏、アフリカ、米領に分けて接受国数の変化を示したものである。

ここから明らかなのは、接受国数の変動のパターンは地域によってバリエーションがあることである。たとえば、欧州では50年代の一時期を除いて、接受国の数がほとんど変わっていない。２０００年代後半以降に若干の減少がみられたが、そこで減じた分は旧東欧圏での増加によって相殺されている。つまり、地域全体としてはほぼ一定である。同様に北東アジアと大洋州も冷戦期から今日までほとんど変化がみられない。

一方、同じアジアでも東南アジアでは年によって変動がみられる。これは東南アジアの基地のほとん

### 図序-10　地域別の接受国数

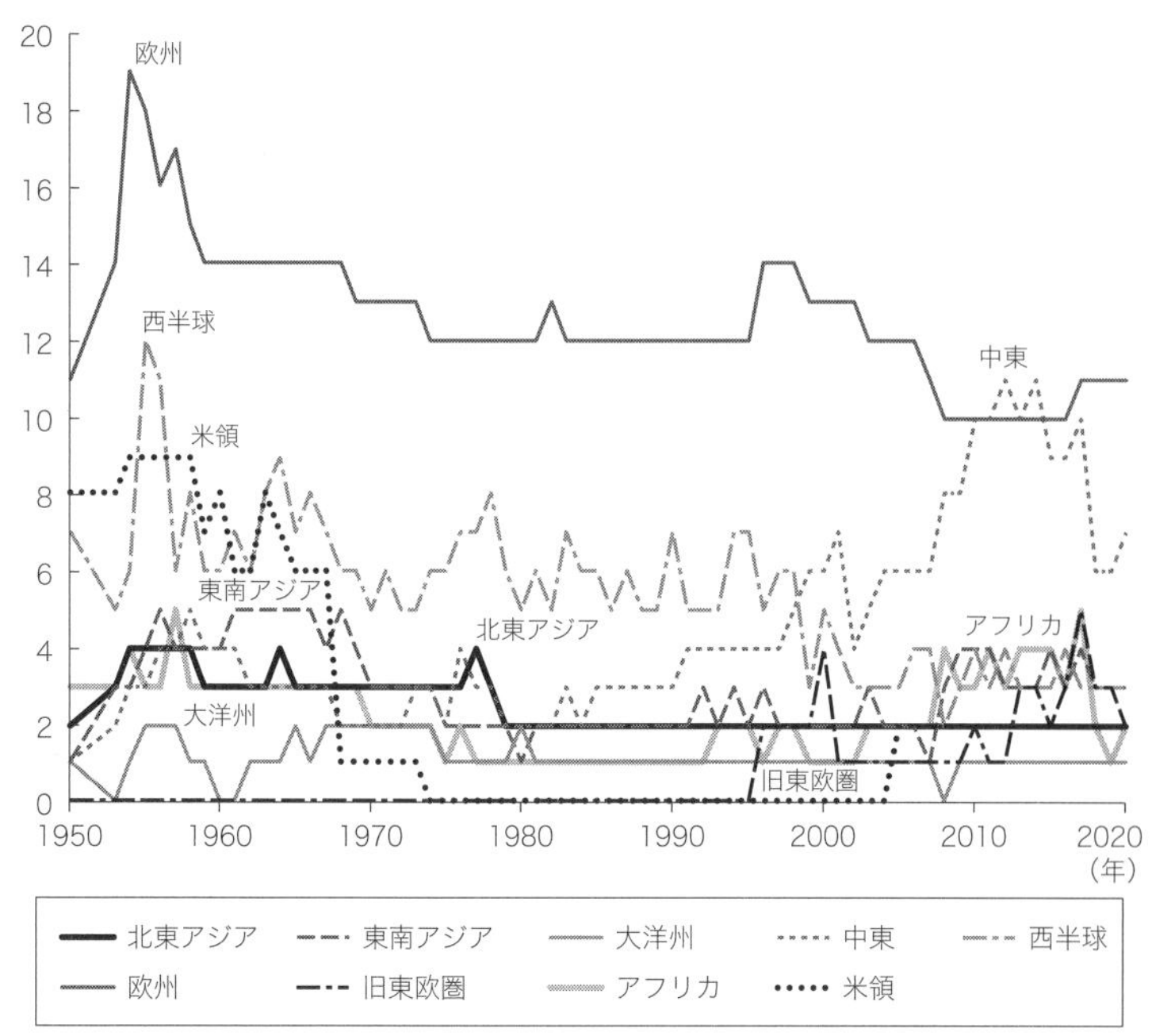


出所：*Active Duty Personnel Strengths By Regional Area and By Country* をもとに筆者作成。

どが一時的な使用か、基地へのアクセス権のみが与えられていることによるものである。たとえば、シンガポールには米軍専用の基地はないが、シンガポール政府からアクセスが認められている168か所の建物・区域がある（BSR 2018）。そのなかの1つ、たとえば海軍地域調整センター（Singapore Area Coordinator: SAC）はインド太平洋地域の米軍のオペレーションを支援し、災害派遣の拠点として物資や燃料の補給を行うものである。つまり、そうした基地では地域情勢や米国の戦略の変化によって兵員数に変化がみられるため、「100人以上」を基準としたときの接受国の数は安定しない。

また、アフリカと中東ではとりわけ2000年代以降、接受国の数が増加しており、冷戦期の4倍にまで膨らんでいる。既述のようにこれは対テロ戦略上の要請であり、2018年のデータでは33ある接受国のうち9つが中東と北アフリカで占められている（**図序－2**［右］）。

このように、接受国数は世界全体（**図序－8**）でみれば安定的な傾向をみせるものの、地域ごと（**図序－10**）にみればその傾向に差異がみられる。そしてそこには米国の戦略環境の他にも、次章以降でみていくように、米国が接受国との間で締結する基地契約（防衛条約、基地協定、地位協定等）の性格が多分に影響を与えている。先にみた中東、アフリカ、東南アジアのように一時的な取り決めによって基地が展開されている場合と、北東アジア、欧州、大洋州のように米国との同盟関係（あるいは、長期の安全保障取り決め）にもとづいてそれが展開されている場合とでは、基地の安定性や持続期間に違いが現れることが知られている（Cooley 2008）。

## 世界からみた日本

では、ここまでの議論を日本の基地問題と関連づけて整理しよう。本章でみたように、今日の日本の基地はその数、兵員数、空間規模、資産価値のいずれをとっても世界で突出している。この事実を改めて確認することが、日本の基地問題を論じる際の出発点になる。

たとえば、日本では沖縄と本土の基地の面積比が争点になることがある（⇒**第1章**）。両者の面積比は米軍専用施設でみれば7：3だが、自衛隊との共同施設まで含めると2：8となり、どちらの数字をとるかによって「基地負担」の印象が変わってくるというわけである。そのため、沖縄の基地の現状を批判的に捉える人々は前者の数字を採用し、逆にそれを容認する人々は後者の数字を重くみる傾向にある。

しかしながら、沖縄を本土に対置させるこうした既存の問題設定のあり方は、日本の基地問題を過度に国内政治の問題に矮小化させる危険を伴う。そのような議論をいくら尽くしても、日本全体の基地面積が他国のそれを圧倒しているという重要な事実に行き着くことはないからである。同じ問題は基地の数についても、兵員の数についても言える。狭隘な日本の国土面積に鑑みれば、日本の基地の存在感は世界でも群を抜いている。にもかかわらず、この点が国内で争点化されることはほとんどない。基地問題の本質を理解するには、沖縄／本土という比較軸の他に、日本／世界という比較軸を設定する必要がある。

資産価値のデータからは別の問題も浮かび上がってくる。繰り返せば、日本の基地は2018年の時点で、次点のドイツの2倍以上の資産価値があり、個別の施設でみれば上位10のうち5つが本土、2つが沖縄にある。このことは、実は日本の「思いやり予算」（⇒**第1章**）の問題と密接に関わっている。というのも、日本が米国に提供している「思いやり予算」は、基地で働く日本人従業員の労務費や基地の光熱水費だけでなく、学校や娯楽施設を含む基地の整備・建設費としても使用されているからである。つまり、日本本土と沖縄の基地の高い資産価値は日米両政府の共同投資の結果なのである。この点、基地の資産価値と戦略的価値が相関しうることはすでに述べた。基地の資産価値が高ければ、自ずと基地の使用も固定化ないし長期化することが予測される。したがって、沖縄の基地の現状を擁護する立場からすれば、基地の資産価値の高さは好意的に評価されるだろう。他方、沖縄の現状を容認しない立場からすれば、基地の高い資産価値とそれに直結した現在の「思いやり予算」の運用のあり方は批判の対象となろう。

基地の長期データから読み取れることも重要である。繰り返せば、世界的にみれば、海外に展開する兵員の数と米国の戦略環境は概ね連動している。米国にとっての脅威が深刻化すれば（典型的には紛争が勃発すれば）兵員数は増大し、脅威の度合いが低下すればその数も減少するということである。他方、接受国数については米国の戦略環境や脅威の配置とは必ずしも連動していない。2000年代以降の中東やアフリカなど、新たに基地が置かれた一部の国や地域を除けば、接受国の数は比較的、長期に安定した傾向をもつのである。

このことは、基地（ハード）とそこに駐留する兵員（ソフト）にはそれぞれ異なる力学が作動している可能性を示唆するものである。言い換えれば、基地問題について考える際には、両者を明確に分けなくてはならないということである。あえて単純化すれば、部隊や兵員（ソフト）の配置の問題を理解するには「軍事」の視点が必要である。他方、基地（ハード）の問題を理解するには政治や経済を含む「社会」の視点が必要である。当然、「なぜ米国は沖縄に基地を置くのか」、あるいは「なぜ日本政府は米国の基地を受け入れるのか」といった根本的な問題を考える際も、軍事の視点だけに頼ることはできないだろう。

たとえば、沖縄の基地が不変なのは東アジアの安全保障環境が不変だからだ、と考える人は少なくない。沖縄への基地の集中を、あたかも地理的・地政学的「宿命」のように捉える議論はその典型だろう（⇒**はしがき**）。しかし、本章でみたデータはそのような見方を必ずしも支持しない。むしろそこから明らかなのは、脅威があろうがなかろうが米国は基地を置くことがあるということである。この点、従来の研究も米国が基地を置くかどうかの決定には、接受国との歴史的な関係性や政治的・経済的な取引関係、あるいは他の基地とのリンケージなど、複数の要因が同時に影響を与えることを明らかにしている（Calder 2007）。

これらのことに鑑みれば、沖縄の基地問題を日本の国内政治の問題だけに回収することで失われる論点はあまりに多い。沖縄の基地問題の本質はなるほど日本の国内政治の中にあり、また国際政治の中にあるのである。

**参考文献**


沖縄県知事公室基地対策課「沖縄の米軍及び自衛隊基地（統計資料集）」、２０２１年3月。

Alexander A. Cooley, *Base Politics: Democratic Change and the U.S. Military Overseas*, Cornell University Press, 2008.

David Vine, *Base Nation: How U.S. Military Bases Abroad Harm America and the World*, Metropolitan Books, Henry Holt and Company, 2015.

Department of Defense, *Active Duty Personnel Strengths By Regional Area and By Country*.（本章では１９５０年から２０２０年までの数値を集計したデータセット（東京工業大学川名研究室所有）を使用している）

Department of Defense, *Base Structure Report: Fiscal Year 2018 Baseline*.

Kent E. Calder, *Embattled Garrisons: Comparative Base Politics and American Globalism*, Princeton University Press, 2007.

# 第1章　沖　縄

池宮城　陽子

**要点**

。沖縄における広大な米軍基地は、米国統治時代に作られた。１９７０年代までに本土の米軍基地返還が進んだことで、沖縄に米軍基地が集中する状況が生まれ、今に至っている。

。普天間飛行場の辺野古移設は、その危険性の早期除去を目的に計画された。政治的な混乱や度重なる計画の変更、工期の長期化により、普天間飛行場返還の見通しは立っていない。

。沖縄で米軍関連の事件や事故が起こるたびに、日米地位協定の「不平等性」が露呈する。日米両政府の「運用の改善」による対処は、米軍に裁量を委ねるため実行性に限界がある。

## 1　沖縄における過重な基地負担の背景

### 1　日米安保体制と沖縄

沖縄基地問題を論じる際に必ずと言っていいほど言及されるのは、沖縄における米軍基地の広大さと在日米軍基地全体に占める割合の大きさであろう。現在、沖縄にある米軍専用施設の総面積は1万8609haである。これは、日本全国にある在日米軍専用施設面積の約70％にあたる。日本の国土面積の約0・6％にすぎない沖縄は、県民の9割以上が居住する本島の約15％を米軍基地によって占められる状況となっている（沖縄県 2020）。なぜ、沖縄にはこれほど多くの在日米軍基地が集中して存在しているのだろうか。本章ではまず、この問いに答えていくことにしよう。

現在、外国の軍隊である米軍が日本に駐留し、米軍基地が存在していることの法的根拠は、日本と米国の間で1951年に締結され、1960年に改定された日米安全保障条約（以下、安保条約）にある。現行の安保条約の第6条では、日本が米国に施設・区域を提供する義務を負うことが規定されている。この条文にもとづき、日本は沖縄において米軍に広大な基地を提供している（**図1－1**）。ただし、在日米軍の地位や権利に関する詳細なルールは、後述する日米地位協定において定められている。

安保条約（ないし、同条約にもとづく日米安保体制）は、1947年5月に施行された日本国憲法第9条とともに、戦後日本の安全保障政策の柱となっている。第二次世界大戦後、徹底した非軍事

図1-1　沖縄の米軍基地

出所：防衛省「沖縄の基地負担軽減について」をもとに筆者作成。

化を求められた日本は、戦争放棄と戦力の不保持を謳った憲法第9条を制定した。1947年以降に冷戦が本格化するなかで、日本は主権回復後の国家の安全保障を米軍の駐留により確保する方針を固めた。1950年6月に勃発した朝鮮戦争を契機に、米国が日本に再軍備を求めるようになったことで、日本は必要最低限の自衛力の保持を決めた一方、米軍の駐留に日本の安全を依拠することにした。

1951年9月にサンフランシスコ講和条約に続いて米国と(旧)安保条約を締結した日本は、翌年4月の主権回復に伴い、米軍に基地を提供するようになったのである。

　もっとも、沖縄の施政権が日本に返還された1972年まで、沖縄は安保条約の適用対象外の区域であった。太平洋戦争の最中の1945年に開始された沖縄戦以来、米軍の直接統治下にあった沖縄は、日本の主権回復後も、引き続き米国によって統治されることになったからである。沖縄に安保条約が適用されていなかった米国統治時代に、沖縄の米軍基地は大規模化することになる。

## 2　米国統治下における沖縄米軍基地の拡大

沖縄において基地建設が開始されたのは、沖縄戦の只中のことだった。米軍は沖縄本島に上陸後まもなく、読谷や嘉手納にあった旧日本軍の飛行場を接収し、日本本土への爆撃の拠点として使用を開始した。

　ここで注意したいのは、米国が沖縄で米軍基地を建設し始めた当初から、これを恒久的な施設とする計画ではなかったことである。戦後しばらくは、米国議会が沖縄統治の予算規模を抑えたことに加えて、米国政府の沖縄政策が定まらない状況が続いた。そのため、沖縄を直接統治していた現地軍は、米軍基地の開発・拡大計画をほとんど実行できなかった。

　ところが、1947年以降に米ソ対立が深刻になり、冷戦の影響が東アジアにも及ぶなかで、米国政府は戦略的重要性から沖縄の長期保有の方針を決定し、1950年2月にはGHQが沖縄米軍基地を恒久化することを発表した。同年6月に勃発した朝鮮戦争は、米国政府に沖縄米軍基地の戦略的重要性を再認識させた。そのため、1952年4月の日本の主権回復後も、米国はサンフラン

**図1-2　本土と沖縄の米軍基地面積の割合**

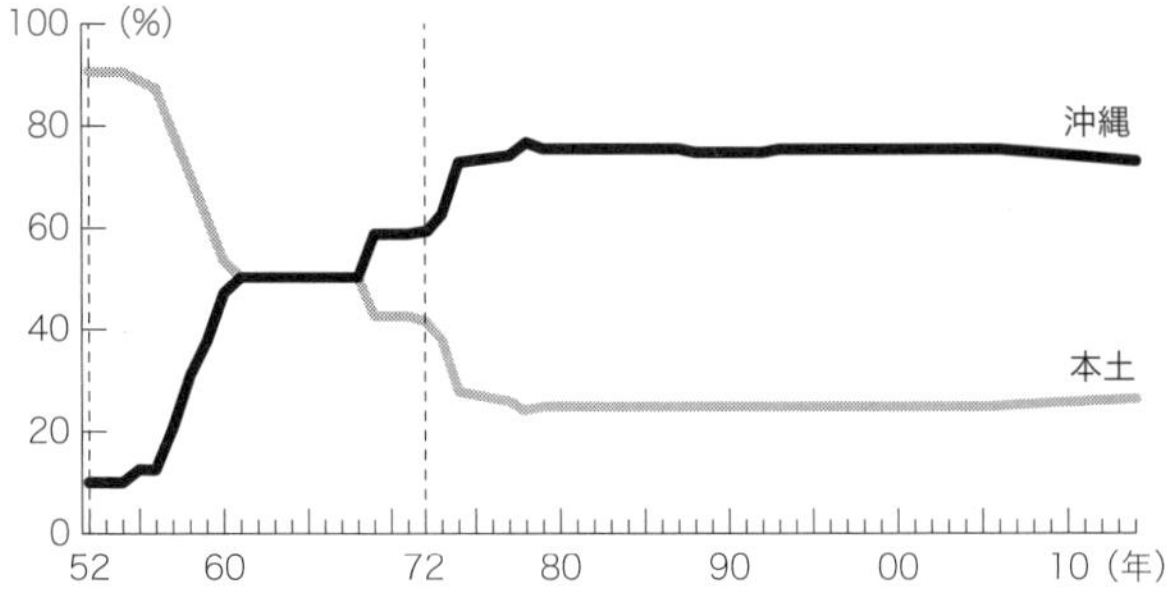

出所：朝日新聞（2015年6月7日朝刊）をもとに筆者作成。

シスコ講和条約第3条にもとづき引き続き沖縄を統治した。

ただし、日本が主権を回復した1952年時点において、米軍基地面積は沖縄が約1万6000haだったのに対して、本土全体では約13万5000haと本土が圧倒的に大きく、沖縄と本土ではおおよそ1対9の割合で米軍基地が存在するという状況だった（**図1―2**）。この比率に変化をもたらしたのは、沖縄への米海兵隊の移駐であった。

1953年7月に朝鮮戦争が休戦したことを受けて開始された極東米軍再編の一環として、米国政府は1954年7月に日本本土に配備されていた海兵隊の沖縄への移駐を決定した。米軍は海兵隊の移転先となる基地の建設のため、沖縄において「銃剣とブルドーザー」と呼ばれる武力を背景にした強制的な土地接収を、一層加速させていった。このとき新たに拡張された基地の広さは、すでにあった沖縄の米軍基地面積に匹敵するものだった。

本土から沖縄への海兵隊移駐の決定には、本土における反米・反基地運動が激しさを増していたことも影響していた。1957年1月には、米陸軍兵が薬莢（やっきょう）拾いをしていた日本人女性を射殺したジラード事件が起こったことで、日本の国内世論の激しい反発を看過できなくなった米国政府は同年、米陸軍戦闘兵力と海兵隊の撤退を決定した。この流れのなかで、本土では米陸軍基地を中心に返還が実現し、本土の米軍基地は1960年になると主権回復当時の4分の1程度にまで縮小された。その結果、沖縄と本土の米軍基地面積はおおよそ5対5の比率になった。

### 3　本土復帰後も進まぬ基地返還

1960年代においても、米国統治下の沖縄における米軍基地の拡大が続く一方で、本土の米軍基地の整理・縮小は進んだ。沖縄では、ベトナム戦争を背景に、海兵隊の対ゲリラ戦用の訓練場の建設が行われた。また、出撃と補給の重要な拠点であった嘉手納基地は、この時期に滑走路が大幅に拡張され、極東最大の空軍基地になった。

1969年11月に沖縄の「核抜き・本土並み」返還の合意がなされると、沖縄からの期待を受けて日本政府は、施政権返還にあわせて沖縄米軍基地の整理・縮小に向けた対米交渉を試みた。しかし、米国が沖縄米軍基地の自由使用を施政権返還後も認めるよう主張したため、交渉は難航を極めた。その結果、沖縄の施政権返還に伴い返還された米軍基地は、全体のわずか15%にすぎなかった。

本土復帰後も、沖縄に広大な米軍基地が維持された一方で、1950年代以来進められた本土の米軍基地の整理・縮小は、1970年代に入っても続いた。1973年1月に日米間で合意された「関東計画」によって、首都圏の複数の空軍基地が閉鎖されることになり、その多くが横田基地に集約されたからである。その結果、1974年末の沖縄と本土における在日米軍基地面積の比率は、おおよそ7対3になった。

在日米軍基地の多くを抱える沖縄にとって、冷戦の終結は、基地の大幅な整理・縮小が望めるまたとないチャンスだった。しかし、1993年から94年にかけて生じた北朝鮮の核開発をめぐる朝鮮半島危機後、1995年2月に米国防総省によって発表された「東アジア戦略報告（ナイ・レポート）」は、米軍10万人体制の維持を打ち出したため、米軍基地の整理・縮小の実現を期待していた沖縄は失望を味わうことになった。当時の大田昌秀知事を中心に、冷戦後も沖縄に広大な米軍基地が固定化されるのではないかという危機感が生まれたのである。

沖縄米軍基地をめぐる以上のような危機意識が生まれるなかで発生したのが、以下でみる1995年9月に発生した沖縄少女暴行事件である。皮肉にも、この傷ましい事件をきっかけに、沖縄米軍基地の整理・縮小が日米両政府の切迫した問題として取り組まれるようになる。

## 2　普天間・辺野古移設問題

### 1　危険性の早期除去の必要性

近年、沖縄基地問題といえば、普天間飛行場（以下、普天間基地）の名護市辺野古への移設に関する、いわゆる普天間・辺野古問題のことを思い浮かべる人が多いであろう。沖縄本島の中部の宜野湾市にある普天間基地は、市街地の中心部に位置し、周辺には住宅や学校、病院が立ち並んでいる。2003年11月に普天間基地を上空から視察した当時のラムズフェルド（Donald Rumsfeld）米国防長官は、これを「世界一危険な基地」と指摘したとされる。

１９９５年9月に県中部で米兵が起こした少女暴行事件は、沖縄における安定的な米軍基地の運用について日米両政府に危機感を抱かせた。事件は、沖縄米軍基地所属の3人の米兵が12歳の少女を拉致したうえで強姦に及ぶという、衝撃的な内容だった。沖縄では本土復帰後も米軍構成員等による犯罪が多発し、少女暴行事件の前年までの検挙件数は４７１４件、そのうち殺人、強盗、放火、強姦罪（現・強制性交等罪）などの凶悪事件は５０９件発生していた（沖縄県知事公室 2021）。そのため、沖縄県民の積年の怒りは、このときの事件によって頂点に達したのである。

事件の翌月には、沖縄県民総決起大会が開かれ、主催者発表で約8万５０００人の県民が集まり、本土復帰後沖縄で開かれた最大規模の抗議大会となった。沖縄県民の怒りを目の当たりにした日米両政府は、１９９５年11月に「沖縄に関する特別行動委員会」（ＳＡＣＯ（サコ））を設置し、沖縄米軍基地の整理・縮小や米軍機の騒音、訓練の問題などに取り組むことを決めた。

そして、１９９６年4月、普天間基地の返還合意が電撃的に発表される。そこでは、普天間基地を5～7年以内に日本に全面返還することに加えて、①沖縄の既存の米軍基地内に「ヘリポート」を新設すること、②嘉手納基地に追加施設を整備したうえで、普天間基地の機能の一部を移すことなどが発表された。

普天間返還合意には、沖縄の人々の積年の怒りへの対応の意味合いがあった。在日米軍基地の大半が存在する沖縄において反基地感情が高まり、米軍基地を安定的に運用できなくなれば、日米安保体制が根幹から揺らぐことになるからである。普天間基地を早期に閉鎖して危険性の除去を実現し、長年にわたる沖縄の過重な基地負担を軽減しなければ、日米安保体制がもたない。朝鮮半島危機を契機に、冷戦終結後の日米安保関係の見直しに取り組んでいた日米両政府にとって、沖縄米軍基地をめぐる問題はそれほどまでに差し迫った問題だった。

## 2　撤去可能な代替施設から「新基地」建設へ

普天間基地の代替施設の建設場所として、当初候補に挙がったのは嘉手納基地だった。しかし、嘉手納町からの反発が強かったことや、嘉手納基地に駐留する米空軍が海兵隊との「同居」を拒否したことで、すぐに実現可能性がなくなった。その後候補になったのが、名護市辺野古の米軍基地沖合であった。この案についても地元住民からの反発は強かったが、1997年12月に当時の保守系の名護市長は自らの辞任と引き換えに、辺野古での代替施設の建設を受け入れることになる。

1996年12月に公表されたSACOの最終報告では、普天間基地の代替施設について、既存の基地内に必要がなくなれば「撤去可能」な海上施設を建設するとされた。また報告では、普天間基地を含む県内11の施設・区域の全部、または一部の返還が謳われた。

政府・自民党の支持を得て沖縄県知事の座に就いた稲嶺恵一知事は、埋め立て形式での「軍民共用空港」で、基地としては「15年の期限付き」という、苦肉の策ともいえる条件をもって名護市辺野古における代替施設の建設を受け入れた。ただし、日本政府はこの「条件」を一方的に破棄するかたちで、1999年12月に「普天間飛行場の代替施設に係る政府方針」を閣議決定し、2000年7月には辺野古沖合に約2500メートルの滑走路をもつ施設を建設することを決定した。

ところが、2001年9月に起きた米国同時多発テロを受け、米国政府がテロの脅威への対応を念頭に置いた世界的な米軍再編に取り組むなかで、普天間移設計画は再び見直されることになる。日本政府が沖縄の基地負担軽減を求めていたことに加えて、第3節で詳述する2004年8月に発生した沖縄国際大学へリ墜落事故が、計画見直しの機運を高めた（宮城・渡辺 2016）。

日米両政府は協議の末、2006年4月に名護市辺野古のキャンプ・シュワブ沿岸の浅瀬部分を埋め立て、さらに約1800メートルのV字型の2本の滑走路を建設することで合意した。だが、その合意内容には、係船機能付護岸などの普天間基地にはない新たな機能が加わっていた。「撤去可能」な代替施設という、沖縄の基地負担軽減の狙いが込められた当初案は、沖縄県からもはや「新基地」建設だとの批判を受ける内容へと様変わりしたのである。

## 3　埋め立て工事の長期化と遠のく危険性の除去

「最低でも県外」というキャッチフレーズを掲げて2009年9月に誕生した、民主党の鳩山由紀夫政権では、移設問題について政権幹部が首相と異なる見解を唱えるなど結束を欠いた。加えて、首相自らが進退をかけて問題解決の期限を設定したことは、政治的な混乱を招いた。政権交代を経ても問題の改善に至らなかったことで、沖縄では、保守・革新という政治的立場を超えた結束の動きが強まる。沖縄における保革を超えた政治的結束はその後、辺野古移設に反対する「オール沖縄」の構築へとつながった。

他方で、2010年11月に普天間基地の「県外移設」を掲げて再選を果たしたはずの仲井眞弘多知事が、2013年12月に3000億円規模の沖縄振興予算と引き換えに辺野古の埋め立て承認をしたことで、移設工事は動き出した。当時の安倍晋三政権は、普天間基地の「5年以内の運用停止」という事実上の条件を飲んでいた。しかし、「オール沖縄」が擁立し、辺野古での「新基地」建設に反対する翁長雄志が2014年11月に沖縄県知事に就任すると、日本政府は先の条件を守ろうとはせず、普天間基地の移設問題は「辺野古が唯一の解決策」であるとして、翁長知事との対話を事実上拒否した。

安倍政権の沖縄政策の根幹にあったのは、中国に対する脅威認識だった。安倍政権にとって普天間基地の辺野古移設は、米軍による抑止力を安定的に維持するための政策だった（野添 2020）。2018年9月の沖縄県知事選で、「オール沖縄」の支援を受けた玉城デニー知事が誕生してからも、安倍政権は「辺野古が唯一の解決策」とする方針を維持した。その姿勢は、2019年2月に、普天間基地の辺野古移設に伴う埋め立ての賛否を問う県民投票で、投票数の約72％が反対という沖縄の民意が示されても変わらなかった。

日本政府は、2018年12月に辺野古沿岸部への土砂投入を開始する。ところが、埋め立て予定地である大浦湾の海底には、軟弱な海底地盤が広範囲に存在していることが判明した。2019年2月に日本政府が明らかにした資料によれば、軟弱地盤の改良工事のため、基地として提供されるまでにさらに約12年かかるとされている。また、総工費は、当初想定されていた約2300億円の4倍にあたる9300億円に達する見込みである。

普天間基地の危険性の早期除去のために始められたはずの辺野古への移設は、普天間返還合意から四半世紀以上経った2022年現在においても、実現の見通しが立っていない。危険性を早期に除去するという、本来の目的の実現は遠のいているのが実態である。

## 3　沖縄米軍基地と日米地位協定

### 1　「不平等性」の露呈

沖縄の基地負担は、広大な米軍基地の存在そのものに限らない。米軍基地の多い沖縄では、米軍に起因する事件や事故が多発する。そのたびに、批判の矛先を向けられるのが、日米地位協定（以下、地位協定）という、日米安保条約とは別の日米間の取り決めである。そこでここからは、なぜ沖縄米軍基地をめぐって地位協定が問題視されるのかを確認していこう。

沖縄で地位協定が問題視されるようになったきっかけは、既述の1995年9月に発生した少女暴行事件だった。沖縄県警は事件後間もなく米兵の逮捕状を取ったものの、3人の身柄を確保した米軍側が身柄引き渡しを拒んだため、県警は手出しができない状況になった。事件の悲惨さに加えて、理不尽ともいえる米軍の対応への反発が、事件の翌月の本土復帰後最大規模の抗議大会につながった。

強姦事件という、日本国内で起きた重大な犯罪行為にもかかわらず、被疑者が米軍人であったために日本の法律に則って逮捕できなかった理由は、地位協定にあった。地位協定第17条では、「公務外の事件・事故の場合、裁判権は日本側にあるが、被疑者が米側に拘束された場合は、日本側が起訴するまで、引き続きその身柄を米側が拘束する」（概要）と規定されている。そのため、少女暴行事件が起きた際に米軍側は被疑者の引き渡しを拒むことができた。沖縄県民の反発に加えて、日本政府からの働き掛けもあり、事態を重くみた当時のクリントン（Bill Clinton）米政権は、駐日米国大使に在日米軍と交渉をさせ、沖縄県警の捜査官が基地内に出向くかたちでの米兵の取り調べを実現させた。

地位協定をめぐる問題は、先述した2004年8月に起きた沖縄国際大学ヘリ墜落事故でも明白になった。普天間基地に隣接する沖縄国際大学の建物に訓練中の米軍ヘリが激突し、爆発炎上した。乗組員3人は負傷したが、大学が夏休み中だったこともあり死者や負傷者はおらず、周辺の住宅や車両にはヘリなどの破片が多数飛び散ったものの、奇跡的に人的被害はなかった。

事故直後、宜野湾市消防本部が米軍より先に駆けつけて消火活動にあたったが、消火後米軍は現場一帯を封鎖し、事故を起こした機体の搬出が終わるまでの現場への立ち入りを一切許さなかった。さらに、沖縄県警が同意を求めた機体の差押えについても、米軍は拒否した。米軍のこの対応は、日本の当局が「合衆国軍隊の財産について、捜索、差押え又は検証を行なう権利を行使しない」という、地位協定に付随する合意議事録第17条が可能にしたものだった。

## 2　「不平等性」の背景

日米地位協定は、「米軍による在日米軍基地の使用と日本における米軍の地位」について、全28条にわたり詳細に規定する取り決めである。具体的には、施設・区域の提供、演習などに関する米軍の管理権、日本の租税などの適用除外措置、刑事裁判権、民事裁判権、日米両政府の経費負担などが定められている。

外務省の説明によれば、地位協定は「日米安全保障条約の目的達成のために我が国に駐留する米軍との円滑な行動を確保する」ことを目的とした取り決めとされる。しかし、この目的のために在日米軍に認められた地位や権利は、先にみた2つの事例のような行動を可能にする。そのため、その地位や権利について、沖縄をはじめ日本国内では「特権」であるとの見方が強く、同協定は日本にとって「不平等」であると指摘されることが多い。

第1節で触れたように、地位協定は、在日米軍基地の使用や米軍の地位に関する詳細なルールを安保条約とは別個に定めるために作成されたものである。詳細なルールを別個に作る発想は、サンフランシスコ講和条約とともに1951年に締結された旧安保条約の立案過程で生まれた。それは、国民に受け入れてもらうことに細心の注意を払った日本政府による、占領軍と在日米軍の連続性を少しでも薄めるためのアイデアであった。

だが、実際に作成された地位協定の前身である日米行政協定は、とりわけ基地管理権と刑事裁判権について、米国政府の要求に応じる形で、占領期とほとんど変わらない地位や権利を在日米軍に認めるものだった。1960年1月の安保改定に伴い新安保条約が「対等性」を高めた一方で、日米行政協定も改定され、地位協定が成立した。ただし、基地管理権や刑事裁判権については、地位協定とは別個に作成された日米地位協定合意議事録にもとづく運用を通じて、協定成立後も旧来の在日米軍の地位や権利は引き継がれることになった(山本 2019)。先にみた沖縄国際大学へリ墜落事故の際の米軍の行動も、この合意議事録に依拠したものだった。

## 3　運用改善方針の限界

それでは、沖縄で起きた事件や事故を受けて、地位協定をめぐる問題に日米両政府はどのように対応してきたのだろうか。

1995年に少女暴行事件が起きた直後に行われた県民大会では、先だって採択された沖縄県議会の決議を踏襲するかたちで、基地の整理・縮小の促進に加えて、地位協定の早急な見直しが決議された。これを受けて当時の大田知事は事件の2か月後、地位協定第17条の刑事裁判権に関して、被疑者の拘禁を日本側でもできるようにすることをはじめ、協定の10項目の見直しを要請した。

第2節で確認したように、少女暴行事件を受けて日米両政府は、SACOを通して基地の整理・縮小に向けた取り組みを始めた。しかしその一方で、地位協定の改定自体に着手することはなく、沖縄県の要請の大部分を「運用の改善」で対処する方針をとった。地位協定の実施に関する協議機関である日米合同委員会は、1995年10月、殺人や強姦などの凶悪犯罪について、起訴前の拘禁の移転に関する日本側からの要請に対し、米側は「好意的な考慮を払う」ことに合意した。しかし、2002年11月に、沖縄で米海兵隊少佐による婦女暴行未遂事件が起きた際には、起訴後の日本側への引き渡しは実現したものの、米軍側は起訴前の身柄引き渡し要請を明確な理由を示さずに拒否した（沖縄県 2020）。

「運用の改善」による対応は、米軍機の飛行についても及んだ。1996年3月には、日米合同委員会において「嘉手納飛行場および普天間飛行場における航空機騒音規制措置」が合意され、米軍機は普天間基地周辺の学校や病院などの上空をできるかぎり避けて飛行することが決められた。だが、この合意についても、2004年の沖縄国際大学ヘリ墜落事故の顛末から、実行性に欠けることが明白になった。その後2007年8月に、普天間基地に隣接する沖縄国際大学や小学校などの上空を避ける普天間離着陸経路が設定されたものの、2017年12月には隣接する保育園に米軍ヘリの部品が落下する事故が起きた。

このように、地位協定の「運用の改善」という日米両政府の対処法のいずれも、米軍の判断に裁量を委ねる方法となっているため、実行性に限界がある。沖縄県は繰り返し日本政府に対して、地位協定の改正を要請し続けている。その過程では、2018年7月に翁長知事のもと、全国知事会で地位協定の抜本的改定を含む「米軍基地負担に関する提言」の全会一致採択が実現した。しかし、日本政府が地位協定の見直しを米国政府に持ち掛ける様子は、未だみられないのが現状である。

**参考文献**

沖縄県「沖縄から伝えたい。米軍基地の話。Q&A Book」、2020年11月。

沖縄県知事公室基地対策課「沖縄の米軍及び自衛隊基地（統計資料集）」、2021年3月。

野添文彬『沖縄米軍基地全史』吉川弘文館、2020年。

宮城大蔵・渡辺豪『普天間・辺野古　歪められた20年』集英社、2016年。

山本章子『日米地位協定――在日米軍と「同盟」の70年』中央公論新社、2019年。

# 第I部

# 欧州

# 第2章　デンマーク／グリーンランド

高橋　美野梨

**要点**

- ◦デンマーク国家において唯一の外国軍基地であるチューレ空軍基地は、冷戦期、米国／NATOとデンマークそれぞれの思惑が交錯する取引空間であった。
- ◦米軍直轄の防衛区域と現地住民の生活区域との間に制度的な「壁」が設けられたことで、基地は不可視化された。しかし、冷戦後に隆盛したグローバルな先住民再生運動や、デンマークが主導した価値政治と相乗することで、グリーンランドが、米国、デンマークとともに協議をする体制が整えられた。
- ◦1990年代後半以降、デンマークは、米国とグリーンランドの「あいだ」＝中位の立場から、最適解を導こうとしてきた。

> 計30世帯、現在イングレフィールド・フィヨルドの河口に移動し、カナック、ケカタースアックおよびナツィリヴィックのテント村で過ごしている。（中略）これからは通常どおり狩猟を続けることになる。十分な道具と衣類、食糧、灯油、医薬品も供給されている。（中略）基地当局は、夏の間にテント村の住人が灯油を必要とすれば、それを供給することを約束している。（中略）多くの人々は、悲しみのなかでその場を立ち去った。しかし、皆それが共通の利益のためだと理解していた。（中略）多くの人々が大臣によろしく伝えるよう私に求めていた。すでに与えられた援助と、新しく立派な住居の建設が約束されたことにも感謝の意を示している。（Telegram 1953〔傍点筆者〕）

## 1　基地の歴史／米国との関係

チューレ空軍基地（図2－1）。デンマーク領グリーンランドの北西部に置かれる、北極圏最大規模の軍事基地である。現行の枠組み（２００４年イガリク協定。以下、２００４年協定）では、グリーンランドに存在する唯一の米軍基地である。本土デンマークは平時の外国軍駐留を認めていないことから、チューレはデンマークという国家全体で唯一の外国軍基地でもある。

第二次世界大戦期、チューレには気象観測所が置かれていた。米国は、１９５０年12月に、同所を遠距離早期警戒線の拠点として、さらには対ソ防衛を見据えた軍用機の中継地点としてアップグレードさせることを決めた。着工は翌月、同年3月には、基地の存立を規定する協定についての交

図2-1　グリーンランドのチューレ空軍基地

出所：atmoss/PIXTA をもとに筆者作成。

渉が開始された。世界屈指の軍事・経済大国であった米国は、ソ連に向けた飛行ルートや航続距離などの観点から、グリーンランドの戦略的重要性を認めていた。そして、グリーンランドの完全かつ自由な軍事利用と、1949年に創設された北大西洋条約機構（以下、NATO）の共同防衛体制の強化を目的に、デンマークとの交渉を展開した。

他方、デンマークは、大戦期のドイツ軍占領によって疲弊した経済の復興に注力しつつ、軍事力をゼロから構築する段階にあった。そのため、国家全体の安全保障を可能な限り盤石にすることをめざし、交渉に臨んだ。米国とデンマークの立場の違い、また軍事・経済的な力の非対称性は明らかだった。

## 1　1951年協定

1951年5月、わずか1か月の交渉で「防衛協定」は締結された（発効は同年6月。以下、1951年協定）。特筆すべき点は2つある。1つは、1951年協定が、グリーンランドとNATOの両方を防衛することに目的を置いていたこと。つまり、グリーンランドの基地を通じて行われる防衛（活動）の範囲は、グリーンランドのみならず、NATO締約国がNATOの計画に従って行動する地理範囲を含むことになった。デンマークは、ソ連を刺激しないように、協定の範囲をグリーンランドに限定することを望んだ。しかし、その要求は、ソ連に対する戦略的抑止力や、米国の核戦略の観点から非現実的だった。もう1つは、米軍直轄の防衛区域として3つの地域が指定されたが、米軍はその域内および基地間の移動を無制限に展開できたこと。相互に合意した場合を除き、デンマーク国内法は効力をもたなかった。さらに米国は、域内での軍人、民間人またはその家族による犯罪に対して、専属的司法管轄権（exclusive jurisdiction）を行使する権利を得た。

舞台は作られた。基地内での両国の国旗掲揚、デンマーク政府に責任を帰すことが合意された際の防衛区域内での共同利用の権利など、米国も譲歩をみせた。しかし、基地の安定的かつ実効的な運用という観点からみれば、米国本位の取り決めとなった。1950〜60年代には、5000人前後の人員が配置され、核兵器も持ち込まれ、弾道ミサイル対応の早期発見システムレーダーの戦略的拠点としても位置づけられた。米国には、基地の持続的な運用のため、地形、水路、海岸および測地線に関する技術的および工学的調査の実施も認められ、実際に駐留経費の一部を米国立科学財団（NSF）が負担するなど、関与する利害関係者も多様化した。

## 2　みえないグリーンランド

米国・デンマークの国家間での交渉が進められるなか、舞台に上がる権利を有しなかったのが、グリーンランドだった。チューレ空軍基地の拡張工事に伴い、住民を強制移住させた1953年5月の出来事は、その最もわかりやすい事例の1つだろう。本章冒頭部の引用は、強制移住の任務を遂行した直後、デンマーク監督官が、外務省グリーンランド担当大臣にあてた電報の抜粋である。「共通の利益（fælles bedste）」という表現で、移住が正当化されている。これに対して、移住を命じられた116人のうちの1人クヤウギツォック（Uusarqaq Qujaukitsoq）は、基地ができるからと2〜3日のうちに出て行くように言われ、ろくな準備をする時間もなかったと筆者のインタビューに答えている（中山・高橋 2013）。クヤウギツォックはその後、国家を相手に土地返還と補償を求める裁判を起こすこととなる。

移住の根拠は、防衛区域と現地住民の生活区域との間に境界線を引く、1951年協定第6条の「非親密化」の原則に見出される。1968年1月に発生したブロークン・アロー（核爆弾搭載機の墜落事故）も、この影響を強く受けた事故の1つだった。事故そのものはデンマークの全国紙が報じたが、核兵器の持ち込みや放射能汚染の実態などの詳細は、「向こう側の世界」の出来事として、ひそかに処理された。オペレーション・クレステッド・アイスと称される事後処理、つまり除染作業に駆り出されたツィングラーセン（Jens Zinglersen）によれば、ブロークン・アローに対する科学者集団による当時の見解も、台所にあるような道具、テフロンポットや鍋で雪や氷のサンプルをとかし、コーヒーフィルターで濾過して放射性物質を調べ、危険はないと表向き結論づけるものだった（中山・高橋 2013）。当時のデンマークは国家全体で非核政策をとっていた。そのとき、グリーンランドでは一体何が起こっていたのだろうか。

## 2　基地問題と国内政策

戦後デンマークは、グリーンランドおよびフェーロー諸島という2つの下位国家主体と、デンマーク国家（Rigsfællesskabet）という共同体を構成してきた。時代が下るにつれてグリーンランド（およびフェーロー諸島）の内政面の自立性は高まるが、主権はデンマークが保持し続けている。他方、基地政治において、デンマークには、設置国である米国と基地の受け入れ自治体であるグリーンランドの「あいだ」に立ち、自らの発話位置を見定めることが求められた。米国は安全保障上のプライオリティをデンマークよりもグリーンランドに置き、グリーンランドの完全かつ自由な軍事利用を求めた。国内では上位にあるが、基地政治においては中位に転位するデンマークは、米国の意図を十分に咀嚼しながら、デンマーク国家の枠組みを明確化し、バランスを保つ必要があった。それはいかなる形式を伴うものであったか。要約すればデンマークは、「場所的（placial）」な視角と「空間的（spacial）」な視角とのスペクトラムのなかで、最適解を導こうとしてきた。ここで言う「空間的」とは、グリーンランドをグローバルな基地ネットワークを構成する戦略的かつ均質な「空間」と位置づける視角である。これに対し「場所的」とは、歴史や文化、生活の「場所」としてグリーンランドを位置づけ、グリーンランド固有の価値を前面に出す視角である。グリーンランドでの基地の受け入れが、米国、ひいてはNATOへの目にみえる貢献として受け止められてきた歴史を振り返れば、グリーンランドをいかに取り扱うかは、デンマークの安全保障上の「生存」に直接結びつくものでもあった。

もっとも、米国は冷戦期において、NATOの共同防衛体制の効用を高めるべく、グリーンランドの「空間」的利用の最大化をめざした。これに対してデンマークは、デンマーク領グリーンランドという「場所性」を侵害しない範囲、すなわち自身の主権（sovereignty）および自然権（natural right）を保持できる範囲で同盟の名の下に米国の選択に理解を示した。ケースによっては、ゼロ回答を決め込むことで米国の自由裁量の幅を広げようともした。冷戦期デンマークの安全保障政策は、一般に脚注政策（footnote policy）――同盟関係をかたく守りながら負担の分担は可能な限り避ける施策――という観点から理解される傾向にある。しかし、基地の運用を許容し、対ソ防衛の前線に立つことを容認した対グリーンランド政策は例外だった。

## 1　グリーンランド・イヌフイットへのまなざし

こうした「空間」としてのグリーンランドが、「場所」として捉え直されるのは、80年代である。

83年には基地内での地元民の雇用が解禁され、86年には非親密化の条文が撤廃された。広く国民レベルでの議論の火付け役となったのは、1985年に、1953年の強制移住の実相に関する研究書が刊行されたことだった。まなざす先には、これまでほとんど顧みられることのなかった、チューレ周辺に暮らす先住民イヌフイット（北方イヌイット）がいた。彼・彼女らの生活世界を通して、土地（大地）を剥奪することの意味を考えようとするものだった。折しもグリーンランドでは、1970年代以降の自治権獲得運動が、先住民・種族民の権利保護を謳うILO169号条約（89年）や世界の先住民の国際年（93年）へとつながるグローバルな先住民の権利再生運動と合流することで、自らの声を対外的に発出する機運が高まっていた。こうした流れのなかで、90年代半ば以降、チューレが政治の俎上に載せられた。グリーンランドがチューレを媒介して、自治の拡張を求めたのである。

これに対してデンマークは、ローカル、グローバル両面での流れをふまえながら、過去の清算と、冷戦後の安全保障環境の変化に適応するために、「場所」としてのチューレを再定位しようとした。背景には2つの動きがあった。1つは、冷戦後のデンマーク——特に1998年以降のラスムセン（Anders Fogh Rasmussen）を党首とする中道右派政党が「価値政治」を展開したこと。過去の政権を「調整型政治」と括り、政策的・道義的欺瞞として批判したうえで、民主主義やマイノリティ権の尊重といった特定の価値観を前面に出し、その正当性を積極的に主張することが価値政治の本質だったが、デンマークはグリーンランドとの双方向的なコミュニケーションを重視することで、その主張を強化しようとした。それは、冷戦後の脅威の消滅によってアイデンティティを問われたN

ATOが、自らの存立基盤を民主主義や自由といった価値に求めようとする動きと合致するものだった。もう1つは、1999年に米国において本土ミサイル防衛法が成立し、当該システムのチューレへの配備が進められる際に、デンマークに対し同盟国としての協力が要請されたこと。米国は、実効性が高く信頼に足るシステムを実装するために、同盟国の協力が不可避だと考えていた（Takahashi ed. 2019）。

## 2　三者に開かれる基地政治

三者の思惑の結節点は、2004年協定に見出せる。2004年協定では、グリーンランドを、米国、デンマークと並ぶ契約当事者として位置づけた。以後、防衛区域内にはグリーンランドを含む三者の（国）旗が掲揚されることになった。協定が包含する論点は多岐にわたるが、ハイライトは以下の2点だろう。1点目は、米国、デンマーク、そしてグリーンランドの三者が対話する恒常的な協議体が設置されたこと。2点目は、1951年協定第8条の専属的司法管轄権が、NATO軍地位協定の該当箇所――2004年協定には明記されていないが第7条――に明示的に置き換えられた（superseded）ことである。この2つは2004年協定の成果である。1点目はグローバルな基地政治、2点目は三者の基地運営という文脈において理解される。

## 3　協議体

まずは、1点目の協議体について検討する。2004年協定締結以降、協議体は年1回のペースで開催されてきた。２０１４年には基地のメンテナンス契約時に三者の利益が相反する取引があったとして不協和音が生じ、それ以降休眠状態にあったが、２０１８年以降、滑走路、格納庫、訓練諸施設、宿舎などのインフラ全体の修繕あるいは新規建設など、チューレへの追加投資について継続的な会合が開かれたようである。チューレでは、２０２０～21年にかけて、北米航空宇宙防衛司令部（ＮＯＲＡＤ）の大規模な軍事演習が行われたが、協議体では、演習に伴う追加投資へのブリーフィングもなされたという。

協議体の実質的な効用を測るための十分な情報は公開されていない。しかし、複層的な利害を調整し、三者の権利・義務関係を強化する場として、総じて好意的に受け止められてきた。何よりも、下位国家主体が国家安全保障の領域に一定の影響力を行使するチャネルを獲得したという点で、特筆に値するものであった。協議体の効用を、基地政治の一般モデルと対照してみよう。一般モデルはこう想定する――二者間に閉じられていた基地取引が、実際に基地を受け入れる自治体を含む三者間へと開かれることで、基地をめぐる主体間の力関係はより不安定化／流動化する（Takahashi ed. 2019）。もしこの命題が成り立つとすれば、チューレの事例は、一般モデルの拡張に貢献するかもしれない。チューレから示唆されるのは、一方では関係する主体が増えることで基地取引は流動化しうるが、他方では多様な声を確保することで、ある決定の民主的正当性を高め、その決定の効用を最大化することができるかもしれない、ということである。

## 3　地位協定

もう１つの成果として挙げた、第８条専属的司法管轄権のＮＡＴＯ軍地位協定への明示的置き換えについてはどうだろうか。地位協定の適用を再保障する。これがポイントである。

確認しておきたいのは、グリーンランドでは１９５５年よりＮＡＴＯ軍地位協定の適用が暗黙の了解であった、ということである。米国とデンマークの二者間協定である１９５１年協定と、多国間の枠組みであるＮＡＴＯ軍地位協定の交渉は並行して進められた。米国とデンマークの間には、１９５１年協定の専属的司法管轄権条項も、ＮＡＴＯの交渉がまとまるまでの一時的な取り決めであるという共通認識があった（Petersen 1998）。

２００４年協定は、在グリーンランド米軍基地におけるＮＡＴＯ軍地位協定の適用を再確認する性格をもった。当該協定の交渉に実務家として携わったウォーム（Adam Worm）によれば、２００４年協定は誰もが適用を認識していた内容を再保障する公式的な枠組みとして位置づけられる。しかし、そこから発せられるメッセージは、もう少しニュアンスを含んでいる。ガド（Ulrik Pram Gad）は、１９５１年協定の専属的司法管轄権条項が、ＮＡＴＯ軍地位協定の該当箇所に置き換えられたことを、２００４年協定が実体のあるもの（substantial）だと対外的にみせるための手段だったと解釈している。では、何を「みせた」のか。専属的司法管轄権をめぐる１９５１年協定とＮＡＴＯ軍地位協定の取り決めには、書かれている内容だけを切り取れば、大きな差がないようにみえる。1951年協定であれば設置国と同時に、接受国にも一定の裁判権が与えられているのに対して、NATO軍地位協定でも派遣国と受入国双方に同様の権利が付与されているからである。

**1951年協定第8条**

米国政府は、第2条3項*にもとづいて責任を負うグリーンランドの当該防衛区域、ならびにグリーンランドで発生した前述の軍人、民間人またはその家族による犯罪、並びに当該防衛区域内のデンマーク国民を除くその他の者に対して、専属的司法管轄権を行使する権利を有するものとする。ただし、米国政府は、当該防衛区域内で罪を犯したいかなる者も、裁判のためにグリーンランドのデンマーク当局に引き渡すことができるものとする。

＊第2条3項を含む1951年協定全文は以下のサイトに公開されている。https://avalon.law.yale.edu/20th_century/den001.asp#art10

**NATO軍地位協定第7条**（抜粋）

1項：本条の規定に従うことを条件として、

（a）派遣国の軍当局は、派遣国の法令により軍当局に与えられたすべての刑事裁判および懲戒の管轄権を派遣国の軍法に服するすべての者に対し、受入国において、行使する権利を有する。

（b）受入国の当局は、受入国の領域内で犯された犯罪で受入国の法令によって罰することができるものについては、軍隊の構成員、軍属およびそれらの家族に対し管轄権を有する。

両者の違いはむしろ、協定の屋台骨に目を向けることでよりクリアになる。それは、ＮＡＴＯ軍地位協定の根幹にある互恵性（reciprocity）、すなわち相互乗り入れという考え方である。１９５１年協定の前提には、基地設置国（米国）と接受国（デンマーク）という単方向的な関係があり、専属的司法管轄権もその上に立つものであった。しかし、２００４年協定で保障（再保障）されたのは、ＮＡＴＯ条約で謳われる「継続的かつ効果的な自助および相互援助」による、「個別的および集団的能力を維持し発展」（ＮＡＴＯ条約第３条）させるための双方向的な関係――制度的にはケースバイケースでどちらの立場にもなりうる派遣国と受入国という対称関係の導入――にもとづき専属的司法管轄権も行使されるということであった。デンマーク／グリーンランドから米国への軍隊派遣は想定しにくいが、協定上はそれが可能になった。互恵性に関する規定が明示化されたのは、２００４年協定の前文にある協議や緊密な協力と相関しながら、グリーンランドにおける基地政治の形状を再構築する象徴的な変更の１つだった。

## ４　沖縄への処方箋

それでは、グリーンランドから沖縄をまなざすとき、そこにはどのような景色が広がっているだろうか。気候区分、人口とその密度、基地との物理的かつ精神的距離、基地に対する感情、戦争の記憶、生活世界と軍事化の問題など、沖縄との条件の違いは大きいようにみえる。しかし、近年のグローバルな基地研究のトレンドである、基地を受け入れる国・地域それぞれの国内政治の構造や機微を捉えることで、基地政治を規定する要素を正確に追跡しようとするとき、グリーンランドと沖縄を同じ土俵に乗せてみることには、一定の意味がある。それは、両者が安全保障上相似的な立場に身を置きながら、基地政治への関与の度合い＝主体性の程度という観点では大きく異なる状況にあるからである。

基軸となるのは、デンマーク政府と日本政府がとる政策的立場だろう。米国に提供する基地が安全保障上の「生存」と直結する資産であり続けてきたこと、実際にグリーンランドと沖縄に基地を集中させる手はずを整えてきたことは両者の共通項である。他の自治体と比較すると、基地負担の不平等性は顕著であり、基地が政治化する要因の１つになりうるものでもあった。

しかし、グリーンランドと沖縄の、冷戦後の基地政治への関与の程度は、大きく異なっている。その１つが前出の協議体の存在であろう。協議体の設置は、対話の制度化を意味する。その背景を２００４年協定に依拠しつつより正確に証拠づけると、要点は、三者間の応答性（responsiveness）をいかに確保していくかというところに置かれていた。応答とは、何らかの要求・呼びかけ・入力に応じて起こる動きを指す。これを形式化せず、相互作用を促す培養土としていかに機能させていけるか。２００４年協定には、協議や緊密な協力という考え方の共有、つまり基地政治において三者が応答的であろうとする姿勢の共有が謳われている。

真摯な対話の必要性は、沖縄においても高まっている。玉城デニー知事は、就任時より、在沖米軍基地の整理縮小や負担軽減に向けた重要なアプローチとして、対話を掲げてきた。対話を具体化していく過程で、ＳＡＣＯに沖縄を加えたＳＡＣＷＯという構想が示され、日米両政府に対して、沖縄の民意の扱い方を問うてきた。しかし、管見の限り、沖縄からの要請に対する応答は、確認できない。

私たちは、国家（政府）の論理か非国家（基地を受け入れる自治体）のそれかといった二分法的な思考態度から容易には逃れられない。特に、政策実装の局面でそれは強く出るのだろう。しかし、対話＝継続的に応答するという行為は、国家と非国家をオーバーラップし、その中間に新たな政策領域を形作ることを可能にするかもしれない。グリーンランドの事例を帰納的に検討することで得られる含意は、対話という行為に、決定へと至るプロセスの柔軟性を最大化する効果が期待できるということである。プロセスの柔軟性を最大化するというのは、「発想の幅」（米軍基地問題に関する万国津梁会議 2021）の最大化と言い換えることもできる。実際に、今日のチューレは、国家－非国家の論理のあわいに、自らの存立を根拠づけようとしている。

**参考文献**


中山由美・高橋美野梨「もう一つのチューレ問題――グリーンランドにおけるＢ－52爆撃機墜落事故と除染作業員」『北欧史研究』第30号、２０１３年、57－74頁。

米軍基地問題に関する万国津梁会議『新たな安全保障環境下における沖縄の基地負担軽減に向けて』沖縄県知事公室基地対策課、２０２１年。

Minori Takahashi ed., *The Influence of Sub-state Actors on National Security: Using Military Bases to Forge Autonomy*, Springer, 2019.

Nikolaj Petersen, "Negotiating the 1951 Greenland Defense Agreement: Theoretical and Empirical Aspects," *Scandinavian*

*Political Studies*, Vol.21, 1998, pp.1-28.
Telegram thule 3136 145/141 31/5 1953.

# 第3章　ドイツ

森　啓輔

**要点**

- ドイツに駐留する米軍基地は、ヨーロッパ冷戦終結以降減少傾向にある。これに伴い米軍基地の国内駐留に関する重要性も、人々の意識のレベルにおいて低下傾向にある。
- ドイツとＮＡＴＯ軍が締結している地位協定における環境条項が、環境問題への配慮義務ももっており、同問題への対策に際してより互恵的かつ包括的な枠組みをもっている。
- 近年沖縄でも注目を集めている有機フッ素化合物（ＰＦＡＳｓ）汚染の処理過程に注目すると、日本における同問題の対応過程がよりクリアに浮かび上がる。

## 1　基地の歴史

アドルフ・ヒトラー率いる第三帝国の敗北後、ドイツにおける外国軍駐留は連合軍軍隊による占領により開始された。ドイツは連合国の米国、イギリス、フランス、ソヴィエト連邦の4か国それぞれによる分割統治下に置かれた。加えて、米英仏のそれぞれの管理下およびソ連管理下に残されたベルリンは、米ソそれぞれを軸とする2つの陣営内に収斂された。

1949年には、西側3か国管理区域にはドイツ連邦共和国（西ドイツ）が、ソ連管理区域にはドイツ民主共和国（東ドイツ）が樹立された。1955年のパリ諸条約の発効により、事実上すでに終了していた戦争状態は法的意味においても終結し、東西ドイツの占領管理体制はそれぞれ終了した。同年にNATO軍に加盟した西ドイツは、ワルシャワ条約機構との緊張関係に置かれることとなる（Fleck ed. 2018: 578-579; 本間 2004: 3）。

その後、冷戦の終結に伴い大きな変化が訪れる。ドイツに駐留していた30万人近い米軍のうち75%以上が撤退し、多くの米軍基地が閉鎖され地域自治体に返還された。1989年当時、東西ドイツには米陸軍の兵士21万3000人と、850か所の独立施設で構成される41の大型基地が配置されていたが、1994年までに兵士は7万5315人に減少し、564か所の施設が返還された。同様に米空軍も、1990年には軍人7万2000人、戦闘機800機、27の基地を保持していたが、1996年までに軍人3万3000人、戦闘機240機、6か所の航空作戦活動を行う基地に

図３-１　ドイツ駐留の米軍基地と人員（2019年）

出所：Deutsche Welle（2020）をもとに筆者作成。

規模が縮小された。その後２０００年代から現在まで、在独駐留米軍数は減少傾向にある（**図３-１**）。

トランプ政権下の２０１９年には米国の財政難からドイツ駐留の米軍の３分の１（９０００～１万２０００人規模）の撤退が計画されたが、バイデン政権に代わった後に計画は破棄された。他方で２０２１年にサイバー戦争要員として駐留米兵５００人が増員された（Deutsche Welle 2020）。

# 2　基地問題と国内政策

## 1　反基地・反核運動の歴史的系譜

西ドイツにおける基地問題の生起は、1960年代後半における学生運動の国際的連帯に端を発する。国際的な学生運動は、米国の帝国的展開と海外での軍事駐留に疑問を投げかけた。その後、ヨーロッパの核軍縮を進めるために核兵器を配備するというNATO理事会の矛盾した決定、いわゆる1979年のNATOの二重決定は、西ドイツの人々に自らの住まう地域での核戦争の危機を認識させた。さらに、1980年代後半に起きた2件の米軍航空機の事故（ラムシュタインとレムシャイト）により多くの死傷者が出たことが、後のボン補足協定改定までの政治運動を後押しすることになる（松浦 2003: 58-59）。

1990年以降、欧州冷戦体制の崩壊により米軍駐留のドイツにおける正統性は揺らぎ始める。在独駐留米軍要員の大幅な削減と基地施設の縮小計画が開始され、これにより前述のようにNATO軍と米軍の駐留人員数が大幅に削減されることとなった。(西) ドイツでは経済的なパートナーともみなされてきた米軍基地の急激な減少は、軍事基地立地による経済的な恩恵を受けてきた特定のローカルコミュニティに大きな衝撃を与えもした。

2000年代初頭には新たな反基地運動として、イラク戦争への参加に反対するドイツ全土における大規模なデモが生じた。しかしながら、ドイツにおける米軍基地をめぐる問題は、1993年傾向にある。

の同地位協定補足協定の改定をもって、後述する米軍基地を起因とする環境汚染問題を残して解決

## 2　現在のドイツ世論の米国に対する意識

米国と米軍基地に対する最新のドイツ世論をみてみよう。ピュー・リサーチセンターとケーバー・シュティフトングの独米での世論調査によれば、米国世論はドイツとの関係を良好と考えている一方、ドイツ世論の米国に対する外交パートナーとしての評価は２０１７〜２０２０年間で悪化している（Pew Research Center 2020a）。他方２０２１年に入ると、米国に対する評価は一転して70％台でポジティブになる。これはトランプ大統領のドイツでの不人気さと、バイデンの大統領当選後の評価を示している。

加えて、米国世論はドイツを、環境保護、自由貿易の促進、民主主義と人権、ヨーロッパの安全保障、中国とイランへの対応などの主要な問題の重要なパートナーとして捉えている。他方で、そのように捉えているドイツ世論は少数派である。

本章の対象である安全保障問題に関してはどうだろうか。安全保障問題に関わる世論は、米国とドイツで際立って異なる（Pew Research Center 2020b）。たとえば、「ロシアがＮＡＴＯ加盟国と軍事紛争を開始したとしたら、該当国を自国の軍隊で防衛するか」という設問に対しては、米国世論は63％がＮＡＴＯ加盟国を守るだろうと答えたのに対し、ドイツ世論でそう回答したのは34％に留まった。また「軍事力を行使して世界秩序を維持することは、時には必要である」という設問に対

し、78％の米国世論がこれに同意したが、ドイツ世論は47％がこれに同意し、52％が反対した。

さらには、「ドイツ駐留の米軍基地は、自国の安全保障に重要であるか」という設問に対して、米国世論の56％が「とても重要」、29％が「やや重要」、8％が「それほど重要ではない」、5％が「全く重要でない」と答えた。その一方で、ドイツ世論の15％が「とても重要」、37％が「やや重要」、30％が「それほど重要ではない」、15％が「全く重要でない」と答えた。ドイツでは52％の回答者が「重要」だと答えたが、「重要ではない」と答えた回答者も45％であり少なくない。よって、米国世論が考えているほど、ドイツ世論はドイツ駐留の米軍基地を安全保障上重要であるとは考えていない。特に18～29歳の年齢層の62％が「重要でない」と答えており、若い世代ほど重要でないと回答する割合が高い（Pew Research Center 2020c）。別の調査では、およそ半数のドイツ世論が米軍のドイツからの撤退を支持している（Deutsche Welle 2020）。

上記のように、ドイツ世論における米軍の重要性は継続して低下傾向にある。またヨーロッパ冷戦終結以降、ドイツ国内における米軍基地の戦略的重要性の低下に伴い、実際に駐留していた米軍基地の数も大幅に減少したことから、安全保障問題として社会問題化していないと言えよう。

他方で、１９６０年代中葉から使用されてきた有機フッ素化合物（ＰＦＡＳｓ）を含む消火剤の米軍基地から周辺環境への流出による環境汚染が、２０００年代後半以降に地域住民や州行政によって地域住民の生活環境を損ねる社会問題として認識されるようになっている。ＰＦＡＳｓに発がん性があり、かつ免疫疾患を起こす要因であることが科学的に明らかになってきたからだ。基地問題は、現在のドイツにおいては主として環境汚染問題として展開していると言えよう。

# ３　地位協定と環境条項

## １　地位協定の沿革

１９５１年にＮＡＴＯ軍地位協定が加盟国により締結された。１９５４年には連合軍の西ドイツへの駐留権がボン会議により承認され、３つの条約（駐留条約、財政条約、租税協定）により補足される。翌年１９５５年にパリ諸条約が発効し、西ドイツがＮＡＴＯに加盟する。１９５９年にはＮＡＴＯ軍地位協定補足協定（ボン補足協定）が締結され、１９６３年に発効する。ＮＡＴＯ軍地位協定が、単に主要な規定と義務を盛り込んでいるだけで締結国にとって十分なものではないという了解のもと、同補足協定の締結は西ドイツにとって重要であると考えられていた（Fleck ed. 2018: 581)。

## ２　１９９３年のＮＡＴＯ軍地位協定補足協定の改定

同補足協定は、１９７１、１９８１、１９９３年に改定され、特に冷戦終結後の１９９３年の改定は大規模なものだった。１９９３年のドイツの補足協定に定められる国内法適用原則は個別事項ごとに具体的で、しかもその原則の内容においては住民への配慮がみられる（本間 2004: 2)。それでは改定交渉時におけるドイツとＮＡＴＯの政治的関係はどうだったのか。国内政治においては上記のように、１９８０年代後半の軍用機事故などに伴う撤退論が改定を後押ししたが、国際的には、

ＮＡＴＯとの政治的関係における優位が協定改定に有利に働いたと言われている。

ドイツはユーゴ内戦における民族間虐殺を阻止するため、国連と連携する形でＮＡＴＯ領域の外部への派兵を検討していたＮＡＴＯ加盟国に同調的だったが、ドイツ国内はＮＡＴＯ域外派兵に対する反発が強かった。ドイツがＮＡＴＯ軍地位協定・補足協定の改定交渉を行った１９９１年から93年までの2年間は、ＮＡＴＯがボスニア紛争への対応で域外派兵に踏み出す渦中にあり、ドイツが域外派兵に加わらなければ、冷戦後の新たなＮＡＴＯの役割は軌道に乗らない可能性もあった。そのため、補足協定改定交渉は、ドイツによって比較的有利に展開した（松浦 2003: 71）。

１９９３年に改定された同補足協定には、以下のポイントがある。①死刑の廃止、②機動演習や軍事訓練はドイツ国防省の同意が必要、③基地内における警察権行使など、駐留軍に対するドイツ法の適用の明記、④環境保護についての明確かつ詳細な基準の設定、⑤基地で働くドイツ人労働者の諸権利の著しい改善、⑥駐留軍の移動にはドイツ政府の同意が必要であり、ドイツ当局は取り決めが遵守されているかを監督する、⑦補足協定の終了はＮＡＴＯ軍地位協定とリンクしない（補足協定は独立した合意として改正や終了が可能となる）等である（佐々山 2019: 119）。

特に沖縄との比較において特徴的なのは、上記④の環境保護についての明確かつ詳細な基準の設定である（第54Ａ条：環境保全原則）（Fleck ed. 2018: 587）。

**第54Ａ条**

１　派遣国は、連邦共和国におけるその軍隊のあらゆる活動に関して、環境保護の重要性を認識し、か

つ承認する。（1993年改正）

2　本協定に沿うドイツの法令への尊重及びその適用を妨げることなく、軍隊及び軍属機関の当局は、可能な限り早急にすべての計画について環境との適合性を調査する。これに関連して、軍隊及び軍属機関の当局は、当該計画が、人間、動物、植物、土壌、水、空気、気候及び景観に与える可能性のある環境上重大な意味を有する影響をそれらの相互作用を含め、検出し分析し、評価し、また文化財その他の財産に与える可能性のある影響をも検出し、分析、評価する。調査の目的は、環境への負担を避けること及び環境への不可避の有害性に対しては適切な調和措置を講じて埋め合わせを行うことにある。軍隊及び軍属機関の当局は、これに関してドイツの非軍事的当局及び軍当局の支援を求めることができる。

（1993年改正）（本間 2004: 49）

1994年には、同補足協定のために、協定加盟の6か国の交換公文（Exchange of Notes）が交わされる（1990年成立・94年修正）。その後、上記交換公文が、他の加盟8か国と交わされる（1998年）。1995年には連邦議会において訪問軍協定（Visiting Forces Act）が締結され、訪問軍がドイツ内で演習などをする場合に参照され、その都度の議会承認を必要としなくなる。

1996年以降は、多国籍軍のドイツ連邦軍の参加が増大し、現在に至る。

## 4　沖縄への含意

上記のように、1993年改定の補足協定における「環境保全原則」（第54A条）により、ドイツ国内法が基地内の環境保全においても適用された。他方、日米地位協定においては、国内法（環境法を含む）の遵守義務を米軍は負わないため、環境汚染対策の明文化されたスキームが存在しない。

たしかに近年、日米地位協定において環境補足協定（2015年）が制定されたことは、環境行政的観点からみてひとつの前進である。しかし協定には米軍の日本国内の運用を妨げる場合は適用されないと明記されており、米軍に有利で互恵的ではない。加えて同補足協定には「日米合同委員会の枠組みを通じて引き続き十分に協力する」（同補足協定第2条）と明記されており、日米地位協定のブラックボックス化の一部となってしまっている。これにより、環境汚染対策のスキームそのものも不可視化される構造となっている。この点で、ドイツにおけるNATO軍地位協定および補足協定は、互恵的である。

沖縄では2020年に、海兵隊員のミスによる誤作動で普天間基地から有機フッ素化合物を含む消火剤（AFFF）が周辺地域に大量に流出した。また、2016年以来嘉手納基地周辺の上水道の水源からは、高濃度の有機フッ素化合物（PFASs）が検出され続けている。しかしこれら問題に対する米軍側の限定的対応（普天間基地）や事実上の放置（嘉手納基地）は、国内法が駐留軍基地に端を発する環境汚染対策に適用できないことの証左である。

もちろん、環境条項をもつからと言って、すべての環境問題が解決されるわけでもない。地位協定は接受国における駐留軍の円滑な運用を目的としているからこそ、その目的と相反するような事態であれば、ドイツでも当然ながら軍事運用が優先される。このような限界ももっていることも忘れないでおこう。他方で軍事的運用の適用範囲を決定するのは、政治であることも両国に共通している。つまるところ、地位協定の形式の考察は重要だが、現実の運用は常に特定の時空間における政治の介入を受けざるをえない。有機フッ素化合物汚染は沖縄に留まらず、首都圏や他の国々の軍事基地やその周辺においても発見され、近年ますますグローバルな問題となりつつある。2022年現在も進行中の問題であるために、引き続き注視されたい。

## 参考文献

佐々山泰弘『パックスアメリカーナのアキレス腱——グローバルな視点から見た米軍地位協定の比較研究』御茶の水書房、2019年。

本間浩「ドイツ駐留NATO軍地位補足協定に関する若干の考察——在日米軍地位協定をめぐる諸問題を考えるための手がかりとして」『外国の立法』第221号、2004年、1-86頁。

松浦一夫「ドイツにおけるNATO軍地位協定・補足協定の運用について——1993年補足協定改定とその適用の国内法との関係を中心にして」本間浩ほか『各国地位協定の適用に関する比較論考察』内外出版、2003年、49-102頁。

Deutsche Welle, "Nearly Half of Germans in Favor of US Military Withdrawal: Survey 04.08.2020," DW.COM, 2020.

Dieter Fleck ed., *The Handbook of the Law of Visiting Forces, Second Edition*, Oxford University Press, 2018.

Pew Research Center, "Americans and Germans Diverge in Views of Transatlantic Alliance Heading into 2021," Pew Research Center's Global Attitudes Project（blog）, November 23, 2020（a）.

Pew Research Center, "NATO Viewed Favorably Across Member States," Pew Research Center's Global Attitudes Project（blog）, February 10, 2020（b）.

Pew Research Center, "Americans and Germans Differ in Their Views of Each Other and the World," Pew Research Center's Global Attitudes Project（blog）, March 9, 2020（c）.

# 第4章　スペイン

波照間　陽

**要点**

- スペインは1953年に米国と協定を結び、軍事・経済援助と引き換えに米国に基地を提供した。スペインにとって米国との関係は国際的な孤立から脱却するための糸口だった。
- 冷戦で緊張が高まるなか、米国にとってスペインに基地を置くことは西ヨーロッパの防衛のために重要であった。
- 1980年代は在スペイン米軍とその基地にとって大きな変化をもたらした時期であった。82年にスペインはNATOに加盟、その5か月後に誕生した社会党政権の下での基地交渉で米空軍基地の返還などが決まった。
- 1988年の基地返還合意の背景には、NATOを用いて代替基地を確保しようとする米国の外交努力があった。

## 1　基地の歴史／米国との関係

スペインにおける米軍人数は、1960年代半ばから80年代後半にかけて約9000人台で推移し、90年代に2000人規模に縮小し、ここ数年は1300人程度である。冷戦期、スペインは4つの主要米軍基地を受け入れていた（図4-1）。首都マドリードから北東約20kmのトレホン航空基地（Torrejón Air Base）には第16空軍の司令部が置かれ、戦闘機と輸送機が所属していた。モロン航空基地（Morón Air Base）とサラゴサ航空基地（Zaragoza Air Base）は緊急用の作戦準備基地であった。ロタ海軍基地（Rota Naval Station）は西地中海で展開する第6艦隊を支援し、情報収集や対潜水艦任務を担っていた。そのほか、7つのレーダー施設やサラゴサからロタを通る全長700kmの石油パイプラインなども置かれた。

### 1　基地が置かれた背景

スペインがNATOに加盟したのは1982年である。スペインに米軍基地が置かれたのはそれから約30年前、1953年に結ばれたスペインと米国の二国間協定によるものである。

米国にとってスペインに基地をもつことは戦略上重要だった。第二次世界大戦前からフランコ（Francisco Franco）大統領による独裁体制が敷かれ、大戦中にナチス、ファシズム寄りの立場をとっていたため、スペインは戦後、国際社会から孤立した。しかし、冷戦の緊張が高まるなか、米

## 図4-1　スペインの主な米軍基地

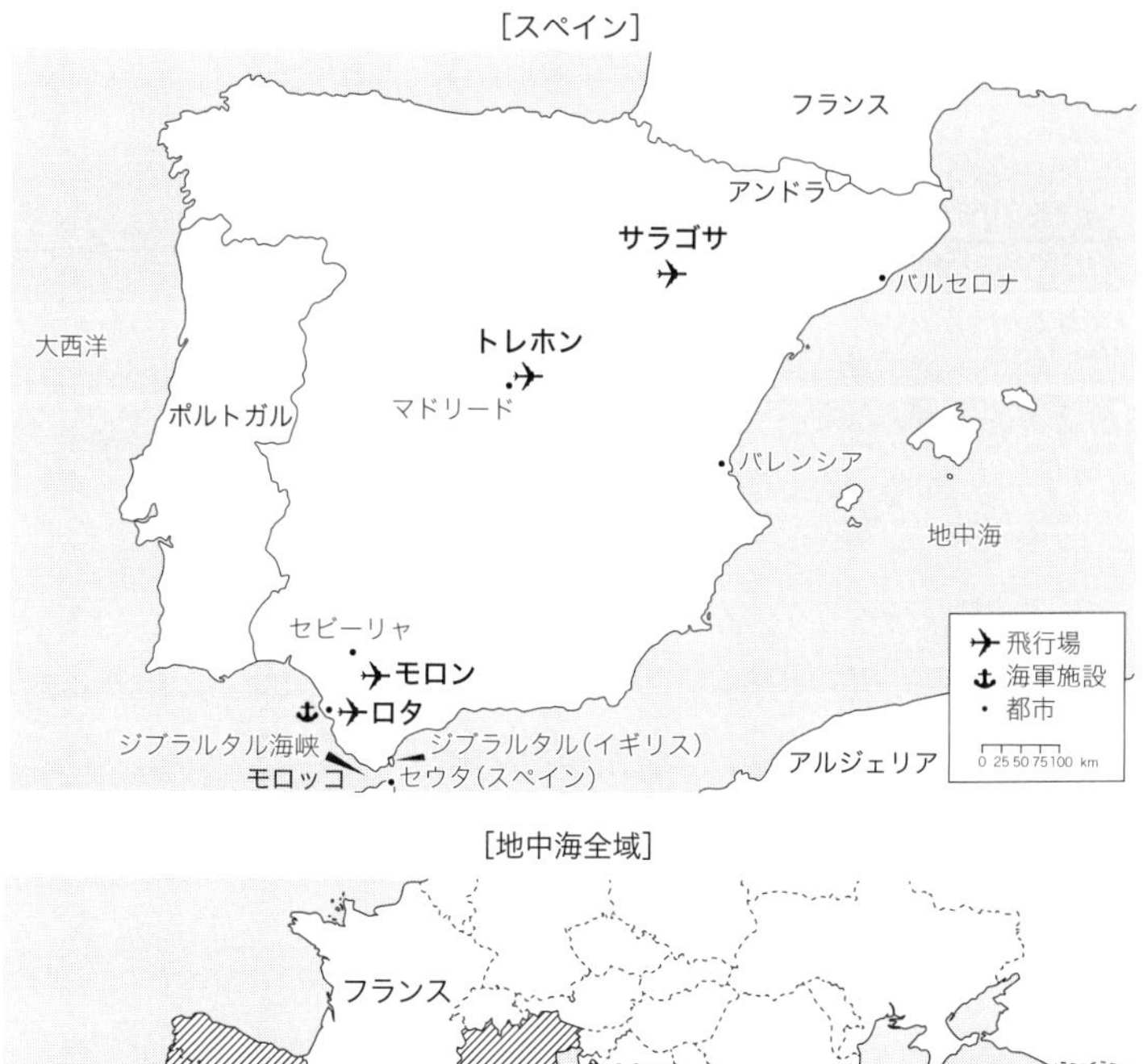

出所：Library of Congress, "United States Military Installations and Objectives in the Mediterranean," Report Prepared for the Subcommittee on Europe and the Middle East of the Committee on International Relations, March 27, 1977, p.14 をもとに筆者作成。斜線は NATO 南部の国々。

国は地理的利点を有するスペインに関心を持ち始めた。ピレネー山脈が自然の防壁となるうえ、ソ連が西ヨーロッパに攻めてくる際、スペインに軍事拠点があれば西側の防衛力を高められると考えられた。独裁体制を支援することは躊躇われたが、50年6月に朝鮮戦争が勃発し、スペインに基地を確保することがますます重要になった（川名 2012）。

他方、スペインにとっても米国との関係は貴重だった。自国の政治体制を維持しつつ国際社会への復帰を果たすため、フランコは西側諸国との関係構築を求めていた。イギリスやフランスはファシズムに与した非民主主義国・スペインを支援することを拒否していた。スペインは米国による戦後の復興援助の対象とならず、国内経済は悪化した。一方、安全保障上の課題は、外的脅威よりも国内治安の悪化やモロッコやイギリスとの領土・主権問題であった。国際社会への復帰の足がかりと経済援助を得るため、米国と手を組むことはフランコ政権にとって有益なものであった（細田 2012）。

１９５３年、米国とスペインはマドリード協定（Pact of Madrid）を結んだ。これは議会の承認を必要としない政府間の行政協定であった。この協定は米国にスペインの軍事基地の使用を認める一方、スペインを防衛する義務を課さない片務的なものであった。米国はスペインに対し防衛力向上のため軍事、経済援助を提供することを約束した。同協定には10年の期限が付され、のちに改定された協定では有効期限が5年に設定された。そのため、両政府は期限が近づくたびに基地使用の権利や支援額を話し合わなければならなかった。米国にスペイン防衛の義務がないという意味での片務性と、基地と援助の交換というマドリード協定の性質は、１９８２年にスペインがＮＡＴＯに加盟したのち二国間協定が改定されるまで維持された。

### 2　在スペイン米軍基地の歩み

フランコ政権下で、米国はスペインの防衛に対するコミットメントを避けつつ、基地をほぼ自由に使用できた。スペインはNATOのメンバーではなかったが、基地は米国やNATOの戦略の一部として役割を担った。さらに、米国はヨーロッパだけでなく中東や北アフリカでの作戦のためにスペインの基地を使用した。ただし、60年代にはスペインは米軍の活動に少しずつ制約を課していった。原子力潜水艦がロタ基地に寄港する際にはスペインから事前に承認を得ることを定めた。66年の米軍機衝突事故（第3節で詳述）を受けて、核兵器を搭載した航空機がスペイン領空を通過することも禁止した。

## 2　基地問題と国内政策

### 1　スペインの民主化と基地の不安定化

1978年にフランコが死去したのち、スペインは民主化を進め、米国との安全保障関係を含む防衛政策の転換を模索し始めた。82年5月、中道右派政党率いる政府は150年にわたる西欧からの孤立と国内政治不安を経て、NATOへの加盟を果たした。

それに対し、スペイン社会労働党（Patido Socialista Obrero Español: PSOE）はNATOに加盟する

のであれば、その前に国民の合意を得るべきだと批判し、82年10月に政権を獲得した。与党となったPSOEは、NATO統合軍事機構への加入を先送りしたものの、NATO加盟を重視した。より現実的な外交・防衛政策にシフトしスペインが西欧の一部として関与していく足がかりとして、またクーデタやテロを回避すべく自国軍を近代化する手段として有益とみなしたためであった。

この方針転換はPSOE内部だけでなく、地方の反NATO・反米勢力を困惑させた。80年代、スペイン国内では反米の気運が高まっていた。フランコの没後、国民は米国を「フランコ政権と手を組み、共産主義との対立で民主的な理念をすべて葬った国」とみなしていた（Sanz 2009）。79年の地方選挙で、基地がある自治体の多くで社会主義を支持するリーダーが誕生していた。サラゴサ、ロタ、トレホン基地を抱える地方自治体の首長は、計画的な米軍削減を求めた。さらに、80年代前半には、地方政治家も反基地運動に加わって、基地の前でデモを行っており、なかでも84年3月の反対集会には約10万人が参加、安全保障問題に対するPSOE政権の弱腰を批判した（Cooley 2008）。世論調査でもNATO加盟に懐疑的な声が次第に高まっていた。

政府への批判が強まるなか、85年春、ゴンサレス（Felipe González）首相は、NATO加盟の継続を問う国民投票を実施することを発表した。NATO支持派を拡大するために設問を工夫しつつ、次の3つの条件が整えばNATOへの残留を認めるかどうかを問うた。すなわち、①スペインがNATOに残留してもNATO軍事機構に入らないこと、②スペインにおける核兵器の保管、配備、持ち込みを禁止すること、③在スペイン米軍基地の段階的な（progressive）削減を進めること、である。86年3月の国民投票では、約53％がNATOへの残留に賛成だった（投票率約60％）。法的拘束力のない国民投票であったが、この結果はＰＳＯＥ政権にとって米軍削減を要求する強固な後ろ盾となった。

基地協定の失効を前に、86年7月に米国とスペインは交渉を開始した。スペインは、協定改定は「象徴主義的」でなく実質的な米軍削減を伴わなければならないと一貫して主張し、トレホン基地の返還を要求した。基地はフランコ独裁の遺産であり、それを取り除くことは民主主義国スペインにとって必須とみなされた。それだけでなく、ＰＳＯＥ政権は米国との二国間関係から自立して西側の防衛に積極的に貢献していくためにも米軍基地を減らすことが必要だと考えていた。

しかし次にみるように、米国はスペインの基地、特にトレホン基地を安全保障上重要と認識していたため、基地をめぐる交渉は平行線をたどった。

## ２　米国の対応

争点となったトレホン基地は冷戦初期には戦略爆撃機を擁し、67年からＦ－16戦闘機の3個飛行隊で構成される第４０１戦術戦闘航空団（401st Tactical Fighter Wing、以下、４０１ＴＦＷと略記）の拠点となった。トレホン所属の４０１ＴＦＷは有事の際トルコのインジルリック（⇒**第５章**）やイタリアのアヴィアーノへ前方展開し対ソ連作戦を行う任務を担った。平時はその3地点でローテーションしていた。

米国はトレホン基地の能力を南欧に維持しておくことが必要だと考えており、スペインの要求にすぐには応じなかった。第1に、当時の軍事バランスは西側より東側に優位であった。南欧に配備された戦闘機や爆撃機、ミサイルの数はソ連側が勝っていたため、トレホンに配備されたF－16戦闘機72機を引くわけにはいかなかった。第2に、87年12月に米ソが調印した中距離核戦力（INF）全廃条約により地上発射型の中距離ミサイルの使用・保有・実験が禁止された。それゆえ、ミサイル以外の中距離核を運ぶ手段として401TFWのF－16戦闘機の重要性が高まった。米ソの軍縮イニシアチブによってトレホンの航空団の価値は押し上げられたのである。第3に、401TFWはNATOの防衛戦略の一部であった。米高官は、トレホンのF－16はNATOの防衛基盤の一部であり、抑止にとってきわめて重要であると説明していた。

このようなトレホン基地の評価にもとづき、スペインとの交渉において米国は部分的な譲歩案を提示した。トレホン基地に配属されている500名の米軍人をスペインの民間人に取り替えることや、トレホン所属の戦闘機をスペイン国内の基地に移動させることを提案した。そのほかさまざまな妥協案に加えて、米国はスペインに対する援助を削減する脅しまでかけた。それでもスペインの社会党政権は交渉姿勢を崩さなかった。

スペインは自国軍の強化によって、削減される米軍の穴埋めをすることを提案した。PSOE政府は米国からF／A－18戦闘機72機を30億ドルで購入し、スペイン空軍の近代化に取り組んでいた。セラ（Narcis Serra）国防大臣は、米国に基地を提供するのではなく自国軍の役割を強化することで、NATOの安全保障に寄与できると主張した。しかし、米国はスペイン軍の能力が向上しても401TFW撤退によって減じる能力を埋め合わせることはできないとし、スペインの提案を拒否した。

一方、米政府はトレホン基地の処遇について米議会の圧力にも対応しなければならなかった。スペインとの交渉の間、米政府はトレホン基地をどこかに移転させる可能性と必要性を想定していた。しかし、議会は401TFWをどこかに移転するために国防予算を投じることを認めなかった。さらに、「NATOがこの移転関連費用について責任を取るべき」と述べた。議員のなかには、80年代を通してNATO加盟国の負担分担の少なさを指摘する声があった。議会はトレホン基地の移転費用をNATOが負担することが適当だと考えていた。

## 3　移転先確保のためのNATOの活用

行き詰まっていた基地交渉に風穴を開けたのは、87年11月、スペインが米国に対して、現行協定を改定しない旨を通告したことである。これにより、88年5月までに新しい基地協定が合意されない限り、米軍は1年以内にスペインから撤退しなければならない状況に陥った。すなわち、米国はトレホンだけでなくその他すべての基地・施設をも失う可能性が生じたのである。基地を保持するためには、協定の改定が必須だった。スペインの通告からおよそ2か月後、米国とスペインは仮合意を発表し、新協定の発効から3年以内にトレホン基地が返還されることを明らかにした。

米国にとって南欧にトレホンの能力を維持するためにトレホンの代替基地が必要だったが、その代替基地はいくつかの条件を満たす必要があった。第1に、代替施設はNATO南部（図4－1［地中海全域］の斜線で示された国）のどこかに設置されなければならなかった。第2に、代替基地は滑走路、管制・通信設備、格納庫、兵舎などF－16の受け入れが可能な施設を備えていなければならなかった。第3に、代替基地を引き受けるための政治的サポートを期待できる国でなければならなかった。

移転先の候補としてはイタリア、ポルトガル、トルコ、モロッコ、ベルギー、そしてイギリスが挙がっていた。それらのほとんどが兵站上の問題、または政治的な理由から候補から外れていった。そのうちイタリアが米軍プレゼンス維持の重要性に理解を示しており、最も有力な候補となった。88年2月、米国防長官はローマでイタリアの政府関係者と会談を行った。同月末には、トレホン基地をイタリアに移転することで仮合意を結んだ。88年6月、イタリア国防省は南部のクロトーネをトレホンに代替する基地の受け入れ先として選定した。同月末、イタリア代議院（下院）の過半数が政府の決定を承認した。

トレホン基地の移転先を模索するなかで、米国は移転にかかる資金も確保しなければならなかった。それは前述のとおり、議会が米国単独で移転費用を負担することに反対していたためであった。国防総省はNATOの共同資金を移転費用として利用することを企図した。NATO加盟国に対して、逼迫している自国の財政について理解を求め、移転費用を分担するよう説得を試みた。最終的に、88年5月、NATO加盟国の国防相会議で移転に関する合意に達した。NATO防衛計画委員会はイタリアに対し代替基地を提供するよう正式に要請し、さらに「NATO施設資金」を通して必要な移転費用をすべて賄うことに合意した。この共同資金は戦時中に必要な軍事施設の建設・維持に割り当てられたものであり、平時に代替基地を整備するために使われたことはなかった。その意味でこれは異例のことであった。クロトーネに代替施設を建設する費用は、総額およそ

8億２７３０万ドルで、米国の負担額は2億３０２０万ドルと見積もられた（当時のレートで換算すると総額は約１０７５億５０００万円。ちなみに普天間飛行場代替施設の建設費は、２０１９年末に日本政府が発表した試算で約９３００億円、その前年の沖縄県の試算では約2兆５５００億円）。

## 4　トレホン基地の返還とその後

88年12月、米国とスペインは防衛協力協定に署名した。それは主に次の内容である。米国は92年までにトレホン、サラゴサ両基地をスペインに返還すること、その他の基地・通信施設の使用を認められること、スペインに対して援助を提供しないこと、核搭載の航空機がスペイン領空を通過する際はスペイン政府の同意が必要である一方、核搭載艦の寄港についてはスペイン当局の検閲から除外されること、などである。

トレホン所属の戦闘機部隊は湾岸戦争での作戦に携わったのち、92年5月にトレホンを去り、一時的に北イタリアのアヴィアーノ基地へ移された。元々の移転予定地だったクロトーネでは反対運動が起こり、米議会の反発もあって計画が頓挫したためである。最終的に、米国とイタリアはアヴィアーノ基地で部隊を受け入れることに合意した。

ＰＳＯＥ政権は96年まで続き、その後の国民党政権も米軍基地を政治問題として取り扱っていない。２００３年のイラク戦争に反対した一方、米軍がその戦争のために基地を使用することは止めなかった。88年の合意で大幅な米軍削減を達成し、国内の政治体制も安定してきたため、米軍基地が政治問題化しなくなった（Cooley 2008）。

## 3　地位協定

米国とスペインの間には、日米地位協定やNATO軍地位協定のような独立した協定はない。その代わり、基地協定本文や協定に付随する合意文書がその役割を果たしている。

1953年の協定では、米軍による基地の自由使用が認められていた点で米国にかなり有利だった。共産主義の侵略があれば米国はスペインに対して通告のみで基地を使用することができ、それ以外の有事には事前協議が必要だった。核兵器の持ち込みについての制限もなかった。さらに、米兵に対する司法管轄権も米国が握っており、スペインの法律は適用されなかった。米軍は基地間の自由な移動や免税などの特権を認められていた（Sanz 2009）。この自由度は米軍占領下の沖縄と似ているかもしれない。

この不平等協定はフランコ体制により国民の批判から免れていた。フランコ政権は厳しいメディア規制を敷いており、売春、乱闘、密輸、民間機に対する航行妨害など米軍関連の問題を報じるニュースは検閲されたため、表沙汰にならなかった（Sanz 2009）。1966年、2機の米軍機が空中衝突する事故（パロマレス米軍機墜落事故）が発生し、7名の米兵が死亡、民間人に死傷者は出なかった。爆撃機が積んでいた4基の核爆弾は爆発しなかったものの放射性物質が放出され、深刻な土壌汚染を引き起こした。フランコはメディア操作により事態を収束させた（細田 2012）。なお、汚染土の除去や除染の問題については未だ二国間で協議中である。

在スペイン米軍の地位に関する転換点は1982年である。NATO加盟からわずか2か月後の同年7月に成立した友好・防衛・協力協定は、スペインが米軍に対して基地の使用を認め（第2条第2項）、かつ米軍に対してNATO軍地位協定とその補足合意（Complementary Agreements）を適用する（第4条）ことを定めた。補足合意では、基地の主権はスペインがもつこと、スペインの合意なしに核兵器の持ち込み・保管ができないこと、米軍機の行動はスペインの航空法に準ずること、航空機事故が発生した場合の手続きや軍隊の法的地位などが明確に定められた。

さらに興味深いのは、この交渉においてスペインが「相互的な」地位協定を求めたことである。スペインはより対等な関係を求めて、自国軍が米国に駐留するときの地位協定を米国に認めさせた。これは米国と接受国の二国間史上初めてのことであった（McDonald and Bendahmane 1990）。

なぜ米国はこのような「大きな譲歩」をしたのか。それは、スペインの基地アクセスを確保し安定的に維持すべく、社会党勢力が政権を握る前にNATO加盟を達成する必要があったためである（細田 2012）。これまで得ていた基地の自由裁量度よりも、確実に基地を維持し、さらにスペインを中立化させずに西側陣営に取り込むことが重視された。

ただし、NATO軍地位協定がスペインの米軍基地に適用されることは、スペインにとって必ずしも有利なことだけではなかった。米兵容疑者をスペイン側が拘束する期間を短縮することや、米軍の活動から生じる損害については接受国側が25％負担しなければならないこと（二国間協定であれば全額米側が負担した）、自動車税は免税対象になることをスペイン側は受け入れなければならなかった（McDonald and Bendahmane 1990）。

さらに、1988年合意でスペインはトレホン基地の返還を実現させたが、艦艇による核兵器の持ち込みについては否定も肯定もしないとする米国の核政策の基本原則に従うこととなった。ちなみに、相互的な地位協定はこの合意でも維持され、その条項は補足合意から協定本文に昇格した。

## 4 沖縄への含意

スペインの事例の3つの特徴を確認しよう。第1に、スペインには米国と共通の外的脅威がなかった。冷戦が始まる頃、ソ連と対立する米国はスペインに基地を置く重要性を認識していたが、スペインはソ連を敵対視しておらず、スペインを侵略しようとする国もなかった。第2に、スペインの米軍基地は、基地と援助という交換条件の上に成り立っていた。共通の脅威がないため、スペインは米国から援助を受けることによって基地を提供した。この交換条件は88年の協定改定で初めて解消された。第3に、スペインのNATO加盟は米国にとって大きな意味をもっていた。冷戦のなかスペインを西側陣営に確実に取り込みかつ基地を維持するためには、スペインをNATOのメンバーにすることが米国にとって重要だった。ただし、西欧諸国の反発によりその実現は83年まで待たなければならなかった。NATO加盟により、駐留米軍およびその基地に対する制限が厳しくなったが、それはスペインに対米交渉力があったからというよりも、そうすることが米国にとって有益だったためである。

このようなスペインの事例から沖縄の基地問題に対してどのような示唆が得られるだろうか。スペインの社会党政権の交渉姿勢からみえてくるのは、基地の削減要求を対等な米・スペイン関係を築くための要件の１つとして捉えていたことである。ＰＳＯＥ政権は、米国との二国間関係に依存して基地を提供し続けるのではなく、自国軍を近代化し多国間枠組みを通して西側の安全保障に貢献すると唱えた。さらに、国民投票によって「ＮＡＴＯに存続するためには米軍削減が必須」という後ろ盾を確保し、米国との交渉にあたった。要するに、基地削減はゴールではなく、西側諸国の一員として役割を果たしていくためにクリアされなければならない条件だったと言える。

基地の配置について地域的観点から検討されたことも示唆的である。トレホンの国内移転や部隊の一部削減といった米側の提案をスペインは受け入れなかった。米国はトレホンの部隊を南欧に維持しておくことが必要だと考えていたため、その地域で移転を受け入れられる場所を探した。イタリアが受け入れに合意したため、トレホン基地の返還が可能となった。さらに、米国は移転問題を議論し、移転費用を負担する手段としてＮＡＴＯを用いた。アジア太平洋地域にはＮＡＴＯのような多国間安全保障枠組みはないが、沖縄の米軍がこの地域の安定に貢献しているとすれば、多国間でそのあり方について話し合う場をもつことは有意義であろう。基地は北朝鮮や中国のミサイルの脅威に対して脆弱なので、分散も必要との考え方が米国のなかで出てきている（たとえば、米海兵隊の*Force Design 2030*や、大統領副補佐官カート・キャンベルの共著論文で２０２１年１月*Foreign Affairs*誌に掲載された"How America Can Shore Up Asian Order"など）。日米という二国間関係だけでは、解決策に限界がある。この地域の米国のパートナーや友好国を交えて建設的に話し合うことが、沖縄への基地集中を解消し、安全保障環境の変化に対応するための一歩になると考えられる。

## 参考文献


川名晋史『基地の政治学――戦後米国の海外基地拡大政策の起源』白桃書房、２０１２年。

細田晴子『戦後スペインと国際安全保障――米西関係に見るミドルパワー外交の可能性と限界』千倉書房、２０１２年。

Alexander A. Cooley, *Base Politics: Democratic Change and the U.S. Military Overseas*, Cornell University Press, 2008.

John W. McDonald and Diane B. Bendahmane eds., *U.S. Bases Overseas: Negotiations with Spain, Greece and the Philippines*, Westview Press, 1990.

Rosa Pardo Sanz, "US Bases in Spain since 1953," Luis Rodrigues and Sergiy Glebov eds., *Military Bases: Historical Perspectives, Contemporary Challenges*, IOS Press, 2009.

# 第Ⅱ部

# 中東・アフリカ

# 第5章　トルコ

今井　宏平

**要点**

。トルコと沖縄は、米軍基地が領内に存在し続けているという共通点がある。

。トルコは1952年のNATO加盟、同時期の米国との二国間協定によって米軍基地が設置された。冷戦期、西側諸国にとって対ソ連の最前線であったトルコの戦略的重要性は高かった。

。デタント期にソ連への共通の脅威認識が低下するとともに、トルコとギリシャというNATO加盟国どうしのキプロス紛争も相まって、トルコと米国の関係は1960年代から70年代にかけて悪化した。しかし、トルコはこの関係が悪化した時期に二国間協定の改正に成功する。

# 1　基地の歴史／米国との関係

## 1　基地のスナップショット

トルコの基地と言えば、まずアダナ県のインジルリック基地とイズミル県のチーリ基地が想起されるだろう（図5－1）。その理由は、米国が関わった戦争において重要な役割を果たしてきたためである。冷戦期において、インジルリック基地からモスクワまでは1600㎞でNATO加盟国のなかでは最も近かった。チーリ基地は1962年のキューバ危機の際、ソ連に対するジュピターミサイルが配備された基地であった。1991年1月に始まった湾岸戦争において、多国籍軍の戦闘機がイラクに向かって発進したのもインジルリック基地であった。2003年4月のイラク戦争ではトルコがイラク戦争に参加せず、インジルリック基地の使用も認めなかったことが大きく取り上げられた。

トルコに初めて米軍基地が設置され始めたのは1943年である。この時点では地位協定はまだ結ばれていなかった。正式にインジルリック基地が建設されたのは1952年10月であった。そして米国とトルコの間で基地を共同で使用することが決定したのは1954年であった。しかし、トルコと米国の関係はいわゆる冷戦のデタント期（1962年10月のキューバ危機から1979年12月のソ連のアフガニスタン侵攻までの時期）に悪化し、1969年には米軍のインジルリック基地の使用が大きく制限された。米国は1974年に起きた第二次キプロス紛争の際、トルコがキプロスに

**図5-1　トルコの米軍基地**

出所：筆者作成。

侵攻するとトルコに対して輸出禁止措置を施行し、これは78年まで続いた。

デタントが終わり、新冷戦と呼ばれた1979年12月以降、トルコと米国の関係は劇的に改善した。そして、1980年3月29日に締結された防衛・経済協力協定（Defence and Economic Cooperation Agreement: 以下、DECA）において米軍基地に関する地位協定が再定義された。その後、前述した湾岸戦争、さらに湾岸戦争後も存続したイラクのフセイン（Saddam Hussein）政権を監視・抑止するための「砂漠の嵐」作戦、安寧供給作戦（以下、OPC）、OPCⅡ、北方監視（Northern Watch）においてもインジルリック基地をはじめとしたトルコの基地はその起点となった（Snow 2017）。

しかし、2000年代になると米軍基地に反対する動きが散見されるようになる。2003年のイラク戦争では前年11月の総選挙で単独与党となった親イスラーム政党の公正発展党が、ムスリム（イスラーム教徒）の同胞への攻撃に躊躇する意見が多く、大国民議会で有志連合へのトルコの協力およびトルコ国内の基地の使用禁止が決定した。公正発展党の政策決定者たちはイラク戦争後にイラク復興をめざし米国と協力する姿勢を示したが、その関係は微妙なものとなった。また、市民レベルでもイラク戦争に反対する活動が起き、その抗議対象の1つとなったのが米軍基地であった。また、2016年7月16日のトルコにおけるクーデタ未遂事件の首謀者が米国に住むギュレン（Fethullah Gülen）師とトルコは断定している。ギュレン師はいまだに米国に留まっており、米国政府もトルコへの引き渡しに応じる気はなさそうである。しかし、クーデタ未遂事件の際に米国の陰謀論が噴出し、やはり米軍基地がその反米感情のはけ口の1つとなり、抗議デモにさらされることとなった。

トルコにおける米軍基地、特にインジルリック基地の役割について確認すると、人道的支援、U－2機やドローンを使用した航空偵察、軍事作戦への空軍支援、物資と部隊の輸送、飛行禁止区域の設置、燃料補給の拠点、ビラの投下、空爆、核抑止が挙げられる（Snow 2017）。

## 2　米国との関係

トルコにとって米国が欠かせない同盟国となったのは、冷戦初期であった。その背景には、トルコとソ連の関係悪化があった。第二次世界大戦終結の前後から、トルコ政府はソ連がロシアの伝統的な南下政策に回帰し、黒海から地中海に抜けるトルコ領のボスポラス海峡とダーダネルス海峡の支配をめざしていると認識し、脅威を感じ始めていた。ソ連のこうした積極的な動きは、結果的にトルコを米国とイギリスをはじめとした西側に接近させた。

第二次世界大戦後に超大国と呼べる存在となるとともに、クレムリンによる共産主義拡大の動きを警戒していた米国にトルコは急速に接近する。米国は、1946年4月6日に心筋梗塞で死去したトルコの駐米大使エルテギュン（Mehmet Münir Ertegün）の遺体を、戦艦ミズーリに載せてイスタンブルに送り届けたが、この行為は両国関係が密接になっていることを象徴した出来事であった。1947年3月には、米国大統領トルーマン（Harry Truman）が、「トルーマン・ドクトリン」として知られるギリシャ・トルコ援助法を議会に提出した。これは、ソ連の拡大を防ぐために、ギリシャとトルコが共産主義の手に落ちないよう経済と安全保障の分野で援助を実施するというもので、ギリシャへ3億ドル、トルコに1億ドルの総額4億ドルの援助が決定した。トルコは、翌1948年に米国で施行された西欧諸国の戦後復興をめざす「マーシャル・プラン」による援助も受けた。

ソ連の脅威認識をもとに成り立っていたトルコと米国の同盟関係は、米国とソ連の緊張関係が弛緩したデタント期において、相対的に弱体化した。特に1962年10月のキューバ危機後、その傾向が強まる。その象徴となったのが2回のキプロス紛争であった。トルコ南洋の地中海に浮かぶキプロス島は1960年8月に正式にイギリスから独立し、キプロス共和国として建国された。キプロスにはギリシャ人とトルコ人が住んでおり、その人口比率はギリシャ人80%、トルコ人20%であった。キプロス共和国では、多数派のギリシャ系から大統領、そしてトルコ系から副大統領を選出し、議会では50議席を7対3の割合で配分することで両住民が合意していた。しかし、キプロス独立後、ギリシャ系住民とトルコ系住民の衝突が継続して起こるようになった。こうした状況を受け、当時のトルコ首相、イノニュ（İsmet İnönü）は、1964年6月2日、キプロスに住むトルコ系住民を保護するためにキプロスへの介入を決定した。ＮＡＴＯ加盟国間の対立となったが、米国をはじめとした各国はギリシャを支持する姿勢を鮮明にする。当時の米国大統領のジョンソン（Lyndon Johnson）はイノニュに「ジョンソン書簡」と呼ばれる書簡を送り、トルコに攻撃をやめるよう促すとともに、米国が提供した軍備をトルコがキプロス介入に使用することがないよう、警告した。結果的にギリシャ系の部隊がトルコ系の住む北部を侵攻したのに対し、トルコは限定的に空爆を実施することでしか対抗できなかった。この第一次キプロス紛争を契機として、トルコと米国の関係は停滞する。

１９６４年の第一次キプロス紛争の後も、１９６７年にギリシャ系住民とトルコ系住民の間で衝突が起きるなど、キプロス情勢は落ち着かなかった。１９７４年、キプロスの政情が不安定化したことを受け、トルコはキプロス北部に侵攻し、停戦が決定するまでにトルコ系住民の居住区を中心に島の北部約37％を占領した。そして、トルコ系住民は１９７５年2月にキプロス連邦トルコ人共和国（北キプロス）を発足させた。キプロスにトルコが介入したことを受けて、１９７４年9月に米国のフォード（Gerald Ford）政権はトルコへの軍事援助と軍備品の売却の禁止を決定した。トルコ側も米国との防衛協力協定の停止を決定し、トルコ国内にあるＮＡＴＯ基地以外の軍事設備の米国の使用を禁止した。さらに１９７５年10月にフォード政権はトルコに対して武器輸出禁止措置を発令し、その措置は１９７８年8月まで約3年間継続された。その後、１９７９年2月に起こったイラン革命と、同年12月24日のソ連のアフガニスタン侵攻により、両国はイスラーム革命の拡大の抑制とソ連の抑制という共通の目的で一致し、再び安全保障に関して協力関係を強めた。

冷戦の終結により、トルコと米国の同盟関係の要であったソ連に対する脅威認識がなくなった後も、1990年8月2日にフセイン率いるイラクがクウェートに侵攻したことで勃発した湾岸戦争や2003年のイラク戦争においてもトルコの基地の使用は争点となった。イラク戦争でトルコ国内の基地の使用を認めなかったことで、米国との関係は一時的に悪化したが、すぐに関係改善がみられた。しかし、2013年以降、トルコと米国の関係は徐々に悪化してきている。これは、トルコと米国が脅威認識を共有できなくなっており、トルコと対立するギュレン運動やシリアのクルド民族主義勢力と米国の関係が近い点に起因している。ただし、トルコは超大国である米国との同盟を組みかえるような意志はなく、引き続き米国との同盟および米軍基地を重要な資源とみなしている。

## 2　基地問題と国内政策

### 1　トルコ政府の対米不信

ここでは、基地問題に関するトルコ国内の反応をみていきたい。トルコ国内における米軍基地問題の争点は歴史的に主に2つであった。1つ目はトルコ政府の対米不信である。これはすでに1950年代後半から顕在化していた。後述するように、トルコの米軍基地はNATO軍地位協定と米軍との二国間関係の2つによって管理されてきた。基本的にはトルコはNATOのための基地提供という認識が強かったが、米国は中東の危機にもトルコの基地を使用するという思惑が当初からあった。それが顕在化したのが1958年のレバノン危機であった。加えて、米軍の活動がトルコ政府に十分な情報伝達がなされなかったこともトルコの対米不信を助長した。その象徴的事件が1960年5月のU－2偵察機事件であった。この事件は、インジルリック基地から飛び立ち、ソ連に対するスパイ活動を実施していた米国のU－2機が、ソ連によって撃墜され、ソ連領内で大破した事件であった。トルコ政府は事前にこのスパイ活動について知らされておらず、U－2機がインジルリック基地から発進していたこともあり、ソ連側からの報復を恐れた。また、1962年10月のキューバ危機の際にトルコに対ソ連のための核弾頭を積んだジュピターミサイルが設置されていたことはよく知られているが、そのミサイルの撤去などに関しては米国からトルコへの相談はなかったと言われている。後述の地位協定の部分でも触れるが、1969年に締結された「共同安全保障協力協定」でトルコは米国のNATO関連以外の安全保障に関する基地の使用について制限を設けることが可能となった。これにより、1973年の第四次中東戦争、2003年のイラク戦争における米軍の基地使用要請がトルコ側の決定により却下された。

基地問題におけるトルコ政府の対米不信は近年ではやや異なる形で発現している。それは2016年7月のクーデタ未遂事件であった。クーデタ未遂事件を実行したとトルコ政府が主張するギュレン運動は米国政府や軍、CIAと密接な関係にあるとされた。そして、米軍施設にもギュレン運動の関係者が入り込んでいるとエルドアン（Recep Tayyip Erdoğan）大統領は批判した。また、インジルリック基地に勤務していたトルコ人のなかにギュレン運動に通じている高官がおり、クーデタ未遂事件当日、米軍の戦闘機を使用したと報道された。その後、インジルリック基地で通訳を務めていたトルコ人が逮捕されている。さらに2018年にはインジルリック基地閉鎖の噂まで出た。しかし、2022年2月現在、インジルリック基地をはじめとしたトルコの米軍基地は通常業務を行っている。

## 2　トルコ国民の対米軍基地感情

トルコ政府の対米不信とは別に、トルコ国民の反米の機運も特定の時代で高まった（今井 2021）。1960年代後半は、学生運動の高まりと相まって反米感情が激化した。米軍基地に対する態度も例外ではなかった。そのきっかけとなったのが、1966年11月にインジルリック基地周辺で発生した8人の米兵による数名のトルコ人女性へのセクハラ事件である。このセクハラ事件を受け、3日間にわたってインジルリック基地周辺で2000人を動員する抗議集会が実施された（Holmes 2014）。トルコの米軍関係者が起こした事件の多くは交通事故で、こうした性的暴行は比較的少なかった。そのため、この事件のインパクトは大きかった。

次いでトルコ国民の反基地感情が高まったのが、2003年3月のイラク戦争に際してである。2002年11月に政権の座に就いたばかりだった公正発展党の支持基盤の中核は、敬虔なムスリム層であり、ムスリムが多い隣国のイラクへの派兵に対しては慎重だった。実際に90％以上の国民がイラク戦争に反対していたと論じられた。トルコの主要都市で反イラク戦争の運動が起き始め、インジルリック基地でも抗議運動が展開された。一方でイラク戦争に際しての反基地運動はあくまで反米もしくは戦争反対を主張する運動の一側面にすぎなかった。その後も単発的に反基地運動は起こるものの、大きな反基地運動のうねりにはつながっていない。

## 3　地位協定

### 1　第二次世界大戦期

トルコと米国の地位協定について考えると、まずは戦間期後半、具体的には１９４３年が重要な年として浮上する。米国はカイロ会議などでイギリスとともにトルコが協商国の一国として参戦するよう促した。しかし、トルコ共和国の前身であるオスマン帝国が第一次世界大戦に参戦し、敗北するとともに解体の危機にさらされた経験が身に染みていた当時2代目大統領であったイノニュは、参戦に消極的であった。チャーチル（Winston Churchill）やルーズベルト（Franklin Roosevelt）が業を煮やすなかで冷静な判断を行っていたのが、当時の在トルコ・米国大使のステインハート（Laurence Steinhardt）であった。ステインハートはイノニュ等が参戦に消極的な点を指摘し、トルコを参戦させる唯一の手段はトルコから信頼を得ることであり、特に軍事援助が有効だと助言した（Cossaboom and Leiser 1998）。また、米国政府もトルコの地理的重要性を理解しており、トルコへの支援に力を入れ始めた。前述したように１９４３年にアダナ県に施設を建設し、１９４４年にトルコとの間に共同インテリジェンス委員会を立ち上げた。アダナ県の軍事施設を立ち上げたのは空軍とＣＩＡの前身である戦略情報局（ＯＳＳ）であり、大使館関係者の輸送を含む民間機の離着陸、そして諜報活動が主であった。アダナ県の軍事施設はドイツの敗北によって閉鎖されることになるが、このときから米国はトルコに軍事施設を展開する素地を築いていた。

この時期、米国とトルコの間で地位協定は結ばれていなかったが、第二次世界大戦前にすでにアダナ県に軍事施設を築いていたことは両国間の地位協定を締結するうえで、少なくとも政策決定者レベルではプラスに働いた可能性が高い。

## 2　1949～80年：NATO加盟と米国との二国間協定

トルコにおいて再度、米国の軍事施設設置の案が顕在化したのが1949年4月であった（Bölme 2012）。この軍事施設設置の案は米国側からの要求ではなく、統合参謀本部を中心としたトルコ軍のなかから起こった議論であった。トルコは希求していたが実現しなかったNATO加盟に向け、積極的に米軍施設の受け入れをめざした。トルコにおける基地研究の第一人者であるボルメ（Selin Bölme）が指摘しているように、NATO加盟が実現しなくてはこうした施設建造の実現は不可能であった（Bölme 2012）。1949年5月に米国の国防省が用意した文書のなかにアダナ県に近いイスケンデルンに基地を作る構想がみられた。その後、この文書が米国の国家安全保障会議に送られ、そこでイスケンデルン－アダナ地域に基地を設置する構想へと微調整された。そして1950年5月にトルコと米国の協議の結果、トルコのNATO加盟に関係なく、トルコへの空軍基地の設置および兵士の駐留が決定した。この基地設置の実現の源泉はまだNATOに加盟していないトルコのソ連に対する脅威認識であった。この時点ですでに有事において、トルコは米軍に基地を提供することを約束していた（Bölme 2012）。アダナ県はソ連まで約1600㎞の距離にあり、対ソ連用の軍事施設としてきわめて重要性が高いと西側諸国、特に米国政府はみていた。

事態がさらに進展するのは１９５０年6月末に朝鮮戦争が勃発してからである。トルコのメンデレス（Adnan Menderes）政権は7月18日に米国軍に次ぐ４５００人の兵士を韓国に派兵することを決定した。この貢献がトルコのＮＡＴＯ加盟を後押しすることになり、１９５１年にトルコはギリシャとともに第一次ＮＡＴＯ拡大で加盟が決定する。この過程でトルコでの基地建設もより一層進んだ。１９５０年からメトカーフ（Metcalfe）、ハミルトン（Hamilton）、グローヴ（Grove）といった米国企業が新たにアダナ県に飛行場建設を検討し始めた（Altunay and Holmes 2009）。インジルリック基地だけでなく、バルックケシル（Balikesir）、ディヤルバクル（Diyarbakir）、エスキシェヒル（Eskisehir）などでも基地建設の話が進んだ（Bölme 2012）。インジルリック基地は実際に１９５１年5月から建設が始まり、１９５２年10月に完成した。

インジルリック基地をはじめとした基地建設が進むなかで、同時に進展したのが、米国およびＮＡＴＯとの基地使用に関する地位協定であった。トルコ国内の基地の米軍およびＮＡＴＯ軍の使用に関しては当初、統合参謀本部が反対していた（Bölme 2012）。そのため、トルコにおける基地使用に関しては政府主導で進められた。軍部が他国のトルコ領内の基地使用に理解をみせるのは、トルコが正式にＮＡＴＯの一員になる前後からであった。基地使用の基本となったのは、１９５２年2月18日に正式にＮＡＴＯ加盟した際のＮＡＴＯ軍地位協定であった。

それでは米国とトルコの二国間の取り決めをみていきたい。ＮＡＴＯ正式加盟の約1か月前の同年1月7日に「相互安全保障のための米国とトルコの関係に関する合意」が結ばれ、これが両国間で初めての二国間軍事同盟であった。そして、トルコとNATOとの間で同年8月25日にNATO軍地位協定が結ばれ、これによって米国はトルコで軍事基地と軍事施設の設置、および米軍人の活動が可能となった。

ボルメによると、この時期に結ばれたトルコと米国の基地の使用に関連する協定は次の5つにまとめられる（Bölme 2012）。1つ目は前述のNATO軍地位協定、2つ目は1954年6月23日に締結された「トルコにおける米軍の地位協定」、3つ目はトルコへの援助協定、4つ目は1954年6月23日に締結された「軍事設備設置協定」、5つ目はイズミルのチーリ基地の空域使用に関する技術協定であった。そのなかでもNATO軍地位協定と「トルコにおける米軍の地位協定」はトルコにおける軍人の行動を規定するものであった。

派遣国の軍人と文民の裁判権についてまず確認しておきたい。NATO軍地位協定の第7条が裁判権について扱っており、第3項では、派遣国の軍人および文民どうしの犯罪もしくは公務中の犯罪について派遣国の一次裁判権を認め、その他の犯罪に関しては、接受国に一次裁判権を認めることが明記されている。この第7条第3項に関しては、他のNATO加盟国と同様、トルコでも米軍の軍関係者の扱いについて多くの異論が国会で、また国民のなかから起こったが、変更には至らなかった。トルコでは1959年までに罪を犯した米軍関係者の数が320名にのぼり、自動車事故などで30名のトルコ人が命を失った（Bölme 2012）。しかし、多くが「公務中の」犯罪とされたため、トルコの国内法で米軍関係者を裁くことが難しかった。

トルコは裁判権だけでなく、基地運用に関しても派遣国優位の取り決めに甘んじた。NATO加盟国では、基地使用に関しては、ドイツのように補足条項、もしくはイタリアの非公開の基地使用協定のように、派遣国の基地使用に一定の制限をかけようとするものもあるが、一方でベルギーやイギリスのように制限をかけていない、もしくはかけることができていない国家もある（この点に関しては沖縄県が作成した「日本及びＮＡＴＯ加盟各国の協定等の違いについて（沖縄県作成）」が比較の参考になる）。また、スペインは米軍の一部の基地を撤退させた（⇒**第４章**）。

トルコも基地使用に関して、米軍の行動に制限をかけることができなかった。米軍関係者はトルコに自由に行き来でき、領空の制限や活動を事前にトルコ政府に通達する必要もなかったので、トルコの主権が一部侵害されているとも評された（Bölme 2012）。

トルコと米国は基地の使用期限延長のため、１９６９年7月3日に「共同安全保障協力協定」に調印した。この協定では、裁判権に関する規定は変更されなかった。しかし、それまでトルコはベルギーやイギリスと同様に基地使用に制限を設けていなかったが、二国間の基地協定の延長に際し、ドイツやイタリアのように米国の基地使用を制限することに成功した。具体的には、ＮＡＴＯに関係しない軍事活動に関してトルコの基地を使用する場合は、ＮＡＴＯ理事会もしくはトルコ大国民議会の許可が必要となった。

その後、第二次キプロス紛争に際しての米国によるトルコに対する禁輸措置への対抗手段として、トルコは１９７５年7月25日に共同安全保障協力協定を凍結した。その後、禁輸措置が１９７８年9月26日に解けると、同年10月9日にトルコ政府も同協定を再度有効化した。

## ３　１９８０年以降

トルコと米国は１９７９年1月のイラン革命、同年12月のソ連のアフガニスタン侵攻を受け、１９８０年３月29日に新たに「防衛と経済に関する協力協定（ＤＥＣＡ）」を締結した（Defense and Economic Cooperation Agreement 1980）。ＤＥＣＡで二国間の地位協定について触れている箇所はいくつかある。まず、第５条第４項において、米軍基地の使用はＮＡＴＯの活動のためと明記されている。また、補足条項第２条第３項では、両国政府が安全保障に関して情報をシェアすることが約束された。そして、補足条項第３条の第９項では、米軍が使用する施設はトルコによって管轄されることが述べられている。米軍がトルコ軍と共有する目的と軍事施設は、①電磁波監視（シノプ）、②レーダー警報空間監視（ピリンチリク）、③空軍作戦およびその支援（インジルリック）、④通信ノード施設（ヤマンラル、シャヒンテペ、エルマダー、カラタシュ、マフムルダー、アレムダー、キュレジク）、⑤地震データ収集（ベルバシ）、⑥無線航法（カルガブルン）であった。

ＤＥＣＡは5年期限であったが、その後延長された。ただし、トルコ側はＤＥＣＡの内容に不満をもち、85年12月に当時首相であったオザル（Turgut Özal）は、米国に対して次の点を改正することを要求した。それは、①ギリシャとトルコに対する援助の割合を是正すること、②トルコへの援助はキプロス紛争、人権問題の解決、いわゆる「アルメニア虐殺問題」と関係性をもたせないこと、③援助に際し、トルコの世論も考慮すべきであること、④米国はトルコの主要産業である織物輸入を増やすこと、⑤トルコの経済政策で生じた負債を軽減すること、という5点である。こうした問題において、両国の間でなかなか歩み寄りがみられず、正式な延長は行われなかった。ようやく87

年に、ほぼ当初のＤＥＣＡと変わらない補足条項が二国間で合意され、ＤＥＣＡは91年まで延長されることになった。このように、米軍の施設使用や米国との二国間地位協定に関しては問題とされなかった。その後、ＤＥＣＡは自動的に延長されている。

## 4　沖縄への含意

トルコの事例が示す沖縄基地問題への含意は、同盟関係を損なわずに基地問題で接受国が要求を押し通し、基地設置国を譲歩させることが可能だという点である。前述したように、トルコはＮＡＴＯ加盟当初、米国との二国間関係で司法管轄権をもたず、基地の管理権に関しても権限を有していなかった。トルコは、ドイツと同様に、司法管轄権に対しては、制限を取り払うことができなかったが、基地の運用に関してはＮＡＴＯの業務以外での基地の使用の管理、情報共有などを１９６９年の二国間協定改定時に修正することに成功した。この当時は冷戦のデタント期にあたり、ソ連の脅威認識を共有していたトルコと米国の関係は停滞していた。さらに第一次キプロス紛争での「ジョンソン書簡」によってトルコ政府の対米不信は高まっていた。加えて、１９６６年の米軍によるセクハラ事件、学生運動によってトルコ国民の反米感情も同様に高まっていた。こうした両国関係が停滞していた時期に米国が譲歩する形で二国間協定が改定されたのは興味深い。裏を返せば、接受国の政府と国民が共同で基地協定の改正に取り組めば、改定に向けた道は開ける可能性があるということがトルコの事例から読み取れる。ただし、司法管轄権に関しては、両国の対ソ連脅威認識が再び高まった１９７９年以降、現在に至るまでも改定されることはなかった。

**参考文献**

今井宏平「なぜアメリカとトルコの関係は悪化したのか」『立教アメリカン・スタディーズ』Ｖｏｌ40、２０１８年、１２３－１３８頁。

今井宏平「トルコの反基地運動が沖縄に与える示唆——アイデンティティ・ポリティックスを手掛かりとして」川名晋史編『基地問題の国際比較——「沖縄」の相対化』明石書店、２０２１年、43－62頁。

Amy Austin Holmes, *Social Unrest and American Military Bases in Turkey and Germany since 1945*, Cambridge University Press, 2014.

Alexander Snow, "Incirlik Air Base: Shared Military Asset and Political Bargaining Chip," *THO Factsheet*, June 26, 2017.

Ayşe Gül Altinay and Amy Holmes, "Opposition to the U.S. Military Presence in Turkey in the Context of the Iraq War," Catherine Lutz ed., *The Bases of Empire: The Global Struggle against U.S. Military Posts*, Pluto Press, 2009.

*Defense and Economic Cooperation Agreement*, Mar. 29, 1980, United States-Turkey, 32 U.S.T. 3323, T.I.A.S. No.9901.

Robert Cossaboom and Gary Leiser, "Adana Station 1943-45: Prelude to the Post-war American Military Presence in Turkey," *Middle Eastern Studies*, Vol.34, No.1, 1998, pp.73-86.

Selin Bölme, *İncirlik Üssü: ABD'nin Üs Politikası ve Türkiye*, İletişim, 2012.

# 第6章　サウジアラビア

溝渕　正季

**要点**

- ◦サウジ駐留米軍をめぐる基地問題は沖縄で生じているものとはやや異質な、いわば理念や思想の次元における問題である。
- ◦地位協定については、基本的には「NATO並み」か、あるいはそれ以上に、接受国側が優遇されている。
- ◦サウジアラビアの事例から言えることは、①米軍関連施設と接受国側の一般国民との接触が少なくなればなるほど、当該国家における反基地感情は小さいものとなる、②米国に対して強力な取引のカード（サウジの場合は石油）があればあるほど、接受国側は有利な条件を得ることができる、という2点である。

# 1　基地の歴史／米国との関係

## 1　サウジアラビアとは

サウジアラビアはアジア大陸の南西に位置し、アラビア半島の大部分を統治するサウード家の王国である。ワッハーブ主義と呼ばれる厳格なイスラーム教義を国是とし、メッカとメディーナというイスラーム教の二大聖地を擁する同国は、長きにわたり「二聖都の守護者」としてイスラーム世界の盟主を自認してきた。国土面積は約215万㎢（日本の約5・7倍）と広大であるが、人口は約3427万人（2022年：内、4割近くは外国人）で、人の住まない赤茶けた砂漠および半砂漠が国土の大半を占めている（他方で耕地面積はおよそ1・6％にすぎない）。

また、サウジアラビアは世界最大級の石油大国でもあり、とりわけ1970年代半ば以降、今日に至るまで、国際石油市場において絶大なる影響力を行使し続けてきた。現在でも同国は世界の推計総石油埋蔵量の約16％（世界第2位のシェア）を保有しており、世界第2位の石油輸出国であるとともに、他の産油国に起因する混乱を相殺できるほどの大規模な余剰生産能力を有している。日本も原油輸入量の約4割を同国に依存している。とはいえ、脱炭素社会の実現が喫緊の課題とされる今日、原油依存の経済構造は克服すべき深刻な課題ともなっている。

## 2　基地の歴史の始まり

図6-1　アブドゥルアズィーズ国王とルーズベルト大統領の船上会談

出所：Wikimedia Commons。

そんなサウジアラビアであるが、第二次世界大戦の最中から今日に至るまで、その親米的な姿勢、潤沢な石油資源の存在、地政学的な重要性、そして冷戦期にはその徹底した反共主義により、米国にとって常に重要な同盟相手であり続けてきた。

サウジアラビア・米国間関係の歴史は1945年2月、サウジアラビア初代国王アブドゥルアズィーズ（'Abd al-'Aziz ibn 'Abd al-Rahman Al Sa'ud）と、ヤルタ会談の帰路にあったルーズベルト（Franklin Roosevelt）大統領のスエズ運河での船上会談にまで遡ることができる（図6－1）。このとき米国は戦争遂行と戦後復興のために莫大な量の石油を必要としており、アブドゥルアズィーズ国王は生まれて間もない王国（1932年建国）の存続のために超大国の後ろ盾と外貨収入を必要としていた。

その後、サウジ・米両国が最初の公式な軍事協定（「ダハラーン飛行場協定」）を締結し、米国がサウジ領内に初めて軍事基地を設置したのは1945年8月のことである。基地が置かれたダハラーンは東部州に位置する石油産業で栄えた街で、石油関連施設で働く数多くの外国人が居住する国際都市である。

アブドゥルアズィーズ国王はこのとき、この協定が米国による帝国主義的な介入の端緒になることを強く懸念していた。この点に鑑み、この協定ではあえて「空軍基地（Air Base）」ではなく「飛行場（Air Field）」という語を使用、外国勢力による侵略と周辺部族に認識されないよう米国旗も注意深く隠され、またその管理権も3年後にはサウジ側に移譲される旨が確約された。

１９５１年6月には両国間で「相互防衛援助協定（Mutual Defense Assistance Agreement：以下、ＭＤＡＡ）」が締結され、米軍基地とその要員の地位が公式に定められた。同時に、サウジ国軍に訓練と助言を与えることを任務とする米軍事訓練団（United States Military Training Mission：以下、ＵＳＭＴＭ）も創設された（費用については米国側が負担。訓練団の活動は今日に至るまで継続）。ＭＤＡＡの内容については次節で詳しく述べるが、全体としてサウジ側に大幅に配慮したものとなっていた。

だが、折しも１９５０～60年代にかけて、アラブ世界には革命の嵐が吹き荒れていた。アラブ・ナショナリストたち、とりわけアラブ・ナショナリズム運動の「英雄」であったエジプトのナーセル（Gamal 'Abd al-Nasir）大統領はソ連に接近、親西側的姿勢をとるアラブ君主制諸国を「反動勢力」「帝国主義の手先」として糾弾し、各国内部の反乱分子を煽るとともに、サウジ駐留米軍の存在を「帝国主義の象徴」として激しく攻撃した。

こうした展開に危機感を覚えた当時のアイゼンハワー（Dwight Eisenhower）政権は１９５７年１月、中東における「国際共産主義に支配された国家の明白な侵略」に対して「米国は自国の軍事力を行使することも厭わない」旨を表明し、そのための資金的裏づけとして2億ドルの支出を議会に求める（いわゆる「アイゼンハワー・ドクトリン」）も、こうした米国の政策は焼け石に水にすぎなかった。

これらの結果、1962年4月、両国の合意のもとで米軍はダハラーン空軍基地の管理権をサウジ政府へと引き渡すこととなり、駐留米軍の規模も500人程度にまで削減されることとなった。

### 3　湾岸戦争とその後

その後、状況を一変させたのが1991年の湾岸戦争であった。このとき、異教徒の男女からなる大規模な外国軍を国内に受け入れることに懸念の声が上がりはしたものの、サウジ政府は逼迫するイラクの脅威を前に50万人規模の米軍を受け入れることに合意した。それ以降、1990年代を通じて、フセイン（Saddam Husayn）政権下のイラクはペルシャ湾岸諸国にとって依然として喫緊の脅威であり続けたこと、そして同国を封じ込めるためには湾岸諸国、とりわけサウジアラビアに大規模な兵力を駐留させ続ける必要があった（いわゆる、イラン・イラク「二重の封じ込め」戦略）ことから、同国は再び大規模な駐留米軍を受け入れることとなった。

だが、この時期は反米的なイスラーム過激主義思想・運動がイスラーム世界各地に拡大しつつあった時期と重なっており、「二聖モスクの地、イスラームの家の基礎、啓示の場、福音の源、聖なるカァバの場、全ムスリムの礼拝の方向」（ビン＝ラーディン［Usama bin Ladin］の「対米ジハード宣言」より）たるサウジアラビアに駐留する米軍基地の存在は再び激しい非難の的となった。サウジ政府に対する国内外の批判者たちは、湾岸戦争以降、巨額の防衛費にもかかわらず自国を自軍で

図6-2　サウジアラビアの米軍基地

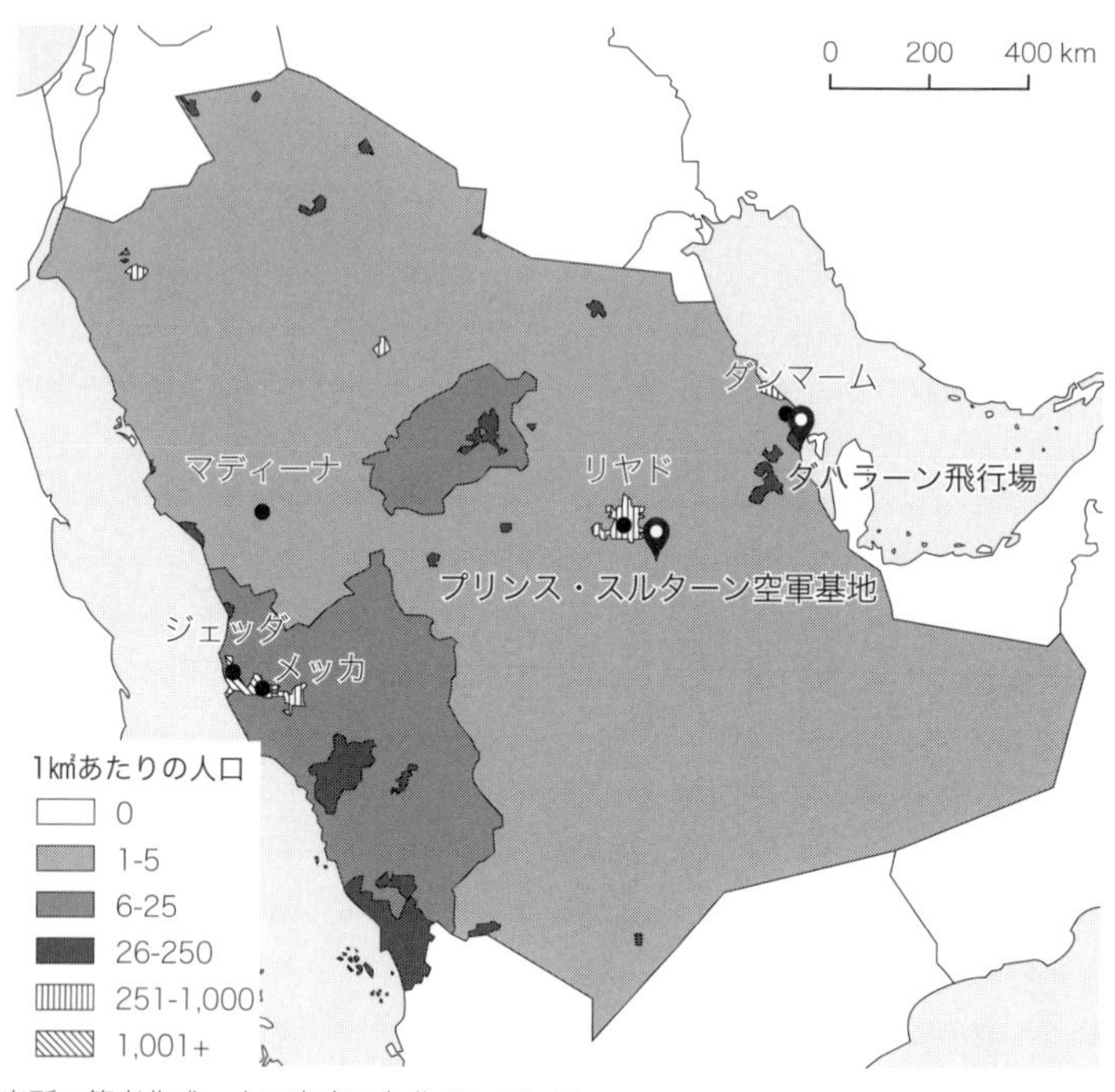


出所：筆者作成。人口密度で色分けしている。

守ることもできず異教徒である米軍を国内に受け入れたことを痛烈に批判し、それが王国の精神面・経済面での堕落、物理的な瓦解の兆しであると糾弾した。こうした流れのなかで、1990年代にはサウジ駐留米軍や世界各地の米国施設に対するイスラーム過激主義勢力のテロ攻撃が続くようになり、これが最終的には2001年の9・11テロ事件へとつながっていく。

結局、湾岸戦争の際に中心的な役割を果たしたサウジアラビアのプリンス・スルターン空軍基地は、その後のイラク封じ込めや2001年のアフガニスタン侵攻、2003年のイラク戦争において重要な役割を果たすも、反米的機運の高まる国民感情に配慮し、2003年8月にカタールのウデイド航空基地へとその役割を移したうえで閉鎖された。さらに2004年中にはサウジ軍の訓練・施設要員および大使館・領事館の警護要員およそ500人を残して同国内の米軍部隊はほぼすべて撤退した（図6–2）。

現在では、イエメンでのテロリスト掃討作戦を支援するために2011年にサウジ南東部に秘密無人偵察機基地（その存在は2013年まで機密にされた）が建設され、2019年には（主にイランの脅威を想定して）追加的な戦闘機部隊のほか、パトリオット（地対空ミサイル）やTHAAD（高高度防衛ミサイル）などが配備されるなど、他の配備部隊と合わせて駐留米軍は計3000人規模となっている（ただし、2021年9月には、これらの兵器は撤去され、要員数も大幅に削減されたと報じられた）。

## 2　基地問題と国内政策

サウジアラビアの米軍基地は都市部から隔絶された場所に存在し、また厳格なイスラーム教義を国是とする同国ではごく一部の外国人向けホテルを除いてアルコール類の提供も禁止されており、繁華街のようなものも存在しない。したがって、米兵が任務外で外出することはほとんどなく、接受国側の一般国民と米兵が直接接触する機会もきわめて限定的である（この点はジブチの事例とも概ね共通する⇒**第7章**）。加えて、サウジアラビアの報道機関は厳しい検閲下にあり（つまり、仮に何か事件が起きてもそれが広く一般に報じられる可能性は低い）、さらにはそもそも人口の4割近くが外国人である。こうしたことから、サウジ駐留米軍の存在はこれまで国内外のアラブ・ナショナリストやイスラーム過激主義者の批判にさらされてきはしたものの、それは沖縄で生じているような基地問題とはやや異質な、いわば理念や思想の次元における問題となっている。この点はまず確認しておく必要があるだろう。

そのうえで本節では、サウジアラビアの基地政治を理解するにあたり、米国側からの視点とサウジアラビア側の視点を分けて論じていこう。

## 1　米国にとってのサウジアラビア

米国にとってのサウジアラビアの重要性は以下の3点に集約できる。第1に、言うまでもなく石油資源の存在である。サウジ・米両国は最初から「石油」という要素を通じて結びついてきたことはすでに述べたが、これは2019年に米国が原油の純輸出国へと転換した後であっても特段の変化はない。原油はグローバルな市場で取引されるために、仮に米国の原油自給率が高まろうとも、その価格はグローバルな市場価格に連動して変動する。したがって、グローバルな原油市場を安定させるためには、他の産油国に起因する混乱を相殺できるほどの大規模な余剰生産能力を有するサウジアラビアの政治的安定がきわめて重要となる。

第2に、そうした石油収入に支えられた潤沢な資金である。これによりサウジアラビアは米国製の武器を大量に購入したり、米国外交に必要な資金をその都度工面したりしてきた。ストックホルム国際平和研究所の調査によると、同国の2018年における軍事費総額は推計で676億ドルとされ（世界第3位）、2014〜18年において世界最大の武器輸入国（世界全体の総輸入額の12％）ともなっており、米国にとっては総武器輸出額の22％を占める最大の武器売却先である。同国は2017年にも米国との間で1100億ドルの武器取引を締結し（ここにはその先10年で最大3500億ドル分の武器を購入する選択権も付帯された）、これは単一取引としては米国史上最大である。

第3にその地理的位置である。第二次世界大戦の最中には、米国はサウジアラビアを、紅海とペルシャ湾との間の海上輸送路の、またインドと極東への直接的な航空路の、死活的に重要なそれぞれの中間地点に位置する戦略的要衝と考えていた。冷戦期に入ってもその地政学的重要性は低下せず、同国はソ連から1600㎞以内の距離（つまり空爆可能な距離）に位置するとともに、ソ連がサウジ領空の通過を拒否されることに米軍は重要な戦略的メリットを見出していた。また、サウジ駐留米軍基地は1980年代を通じてアフガニスタン向け軍事物資の一大集積地となり、1991年の湾岸戦争時には多国籍軍の駐留拠点となった。その後も、イラク南部飛行禁止空域監視活動や2001年のアフガニスタン侵攻、そして2003年のイラク侵攻においても同国の基地は枢要な役割を果たした。

サウジアラビアの有するこうした戦略・地政学的重要性ゆえに、米国は第二次世界大戦の最中から今日に至るまで同国と同盟関係を維持し続け、その領内に基地を置いてきたのである。

他方で、接受国側のサウジアラビアは、クーデタの危険に鑑みて比較的小規模で脆弱な軍事力(特に陸軍はこの傾向が顕著である)しかもっておらず、それゆえに米軍基地の存在は自国の安全保障上きわめて重要なものである。その一方で、米軍基地の存在は支配の正統性を揺るがすリスクを常にはらむものでもあった。1950～60年代にかけてはアラブ・ナショナリストたちの攻撃の的となり、1990年代以降はイスラーム過激主義者たちによって幾度か大規模テロの標的となった(図6－3)。

## 2　サウジアラビアにとっての米国

サウジアラビアをはじめとするほとんどの中東諸国では、植民地宗主国によって恣意的に引かれた人工的国境線(サウジは植民地支配を経験してはいないが)、未完の国民形成、エスニック集団の国境を越えた忠誠心などのために、国内からの脅威や支配の正統性／正当性の揺らぎに常に悩まされている。そうした諸国にとってはしばしば、政策的に最優先の課題は(国家全体の安全保障ではなく)支配体制の存続となり、それゆえに最大の脅威は国外の大国ではなく国内の反乱分子である場合が多い。こうしたことからサウジ当局は、国外的脅威が国内的脅威を上回る場合(1940年代や1991年の湾岸戦争時など)には米軍基地を受け入れ、逆の場合(1950～60年代、および1990年代など)はそれを拒否する、という行動パターンをとりがちである。

加えて、石油によって始まったサウジ・米国間の同盟関係においては、基本的には石油を保有しているサウジ側が比較的大きなイニシアチブを握ることが可能となる。この点は次節で詳しく論じる1951年6月のMDAA条文からも明らかであり、これは敗戦によって駐留米軍の受け入れを強制された日本やドイツの事例とは大きく異なる側面である。

ただし近年（とりわけオバマ［Barak Obama］政権期以降）では、米国が中東からの撤退路線を鮮明にしつつあること、米国が２０１９年に石油の純輸出国となったこと、さらには（とりわけバイデン［Joe Biden］政権期以降）脱炭素化社会の実現が叫ばれるなかで、両国間関係も徐々に変化しつつある。具体的には、２０２０年１月以降、サウジアラビアの人権状況や政治腐敗の深刻さにかねてより批判的であった民主党が大統領および上下両院の実質的な過半数を握るようになったために、サウジに対して米国が厳しい姿勢をとるようになってきたのである。これに対しサウジアラビアも近年、ロシアや中国といった域外大国との関係を急速に緊密化させており、特に中国との間では経済的な結びつきに加えて軍事面での協力関係も顕著となってきている。２０２１年末にはサウジアラビアが中国の支援のもとで弾道ミサイルを製造しているとも報じられた（サウジアラビアは以前に中国製の弾道ミサイルを購入していたが、独自製造はしていな

**図6-3　プリンス・スルターン空軍基地**

出所：Wikimedia Commons。首都リヤド南東100kmほどに位置し，湾岸戦争に際して急ピッチで増築・改修された。1990年代中頃にほぼすべての米軍部隊がこのプリンス・スルターン空軍基地に移された。周囲は砂漠に囲まれ，米兵が任務外で外出することはほとんどなく，さらに厳重な警備も敷かれており，一般のサウジ人の目に触れる機会はほとんどない。

かった）。

## 3　地位協定

サウジアラビア駐留米軍の地位協定に関していえば、現時点で1951年のMDAAが英語・アラビア語で全文公開されているものの、それ以降、改定があったのか否か、あったとすればどのように改定されたのか、といった点についての情報は公開されていない（ただし、おそらく細目を除いて現在まで大きな改定はなされていないものと思われる）。したがって本節では、主として1951年のMDAAの内容をみていくこととする。

1951年6月8日に発効したMDAAは前文と付録、および全17条から構成され、前記のように、全体としてサウジ側に大幅に配慮した内容となっている。たとえば、UNMTMについて触れた第2条では、「訓練団の人員数については、訓練団の司令官による要求と、サウジ国防省による承認によって決定される」とされ、さらに「サウジアラビア政府が、同国内に留まることを望まない要員または従業員の退去あるいは交替を要請した場合、訓練団は、当該要請を速やかに実施するものとする」と定められている。訓練費用は全額米国が負担する。

また、米軍基地内での米軍の活動を定めた第5条では、その基地内での活動はすべて「サウジ国防省の承認を得た後に」実施されると明記されている。米軍関連施設の設置・建設・補修に関しても、第6条によれば、サウジアラビア政府の事前承認が必要であり、同政府が指示した際にはいつでもそれら施設を撤去することができる。

加えて、サウジ駐留米軍の司法管轄権については、第13条が以下のように定めている。

（a）ダハラーン飛行場にいるすべての米軍関係者、米軍事訓練団のメンバー、および訓練団によって雇用される米国民または他の友好国の文民職員、そして彼らの扶養家族は、サウジアラビア王国のすべての適用法および規則に従わなければならない。

（b）米軍関係者を除き、（a）で言及された個人が犯したいかなる犯罪も、サウジアラビア王国の司法管轄権の対象となる。

（c）サウジアラビア政府は以下のことに同意する。

（i）米国の軍人がダハラーン飛行場内で罪を犯した場合、その者は米国の軍事裁判権に服すること。

（ii）ダハラーン飛行場外のホバル、ダンマーム、ダハラーン、ラース・タヌーラ、ホバルの南側からハルド・ムーン・ベイまでの海岸、およびこれらの場所に通じる道路で米軍兵が罪を犯した場合、サウジアラビア当局は犯罪者を逮捕し、予備調査を速やかに完了した後、米軍の管轄下での裁判および処罰のために、当該人物をダハラーン飛行場の代表団に引き渡す。

（iii）（i）および（ii）に記載された場所以外で米国の軍人が犯した犯罪は、サウジアラビア王国の司法管轄権の対象となる。

なかでもとりわけ、公務の内外を問わず、ダハラーン基地とその周辺以外の場所においては、あらゆる米軍要員の犯罪にサウジアラビアの司法管轄権が及ぶという規定は重要であろう。

このように文面だけをみれば、サウジアラビア駐留米軍の地位協定は「NATO並み」か、あるいはそれ以上に、接受国側が優遇された内容となっている。もっとも、このような条文をふまえた実際の運用については、(サウジアラビア政府の権威主義的な性格上)マスコミ等によって報じられることがこれまで皆無であったために、不明な点が多い。また、アラブ・ナショナリストやイスラーム過激主義者といった米軍基地に対するかつての批判者たちは、基本的に地位協定というよりも「米軍基地の存在」それ自体を理念的・思想的観点から批判するという立場をとっており、それゆえ必然的に地位協定の条文などが日本のように争点化され、その内容や実際の運用が広く国民的議論の俎上に載せられる機会もこれまでにほぼ皆無であった。

## 4　沖縄への含意

ここまでみてきたように、サウジアラビアと日本とでは国家の性格から政治体制、地政学的な状況、そして米国との同盟関係とその歴史、そして基地問題に至るまで、あらゆる点で大きく異なる。ゆえに、サウジの事例から安易に教訓を引き出したり、それを一般化することは、厳に慎むべきであろう。とはいえ、サウジの事例からわずかでも言えることはないか、最後に考えてみたい。

第1に、接受国側の一般国民との接触が少なくなればなるほど、当該国家における反基地感情は小さいものとなる。サウジアラビアでは１９９５年11月に国家警備隊施設、１９９６年6月にはホバル・タワー（米軍宿舎）をそれぞれ狙った爆弾テロが発生したが、これを契機として米軍部隊は（都市部に隣接する）ダハラーン空軍基地からプリンス・スルターン空軍基地内へと移された。これにより、米軍施設がサウジ一般国民の目から隔絶された場所に移されることになり、またテロのリスクも大幅に軽減された。

第2に、米国に対して強力な取引のカード（サウジの場合は石油）があればあるほど、接受国側は有利な条件を得ることができる。その意味で、基地問題を考えるための基本的な背景として、日本も米国の同盟国としての自国の（軍備拡張ではなく経済成長を通じて）戦略的価値を高める必要がある。これにより、米国との間での交渉を少しでも望ましいものに変化させることができる。

以上の2点は考えてみれば当たり前のことである。だが、サウジの事例からこれらの点が改めて確認できたことには大きな意義があるだろう。

**参考文献**

高尾賢一郎『サウジアラビア――「イスラーム世界の盟主」の正体』中央公論新社、２０２１年。
溝渕正季「サウジアラビアにおける米軍基地と基地政治」川名晋史編『基地問題の国際比較――「沖縄」の相対化』明石書店、２０２１年。
レイチェル・ブロンソン（佐藤陸雄訳）『王様と大統領――サウジと米国、白熱の攻防』毎日新聞社、２００７年。

# 第7章　ジブチ

本多 倫彬

**要点**

- 日本の自衛隊等の要員は、拠点を置くジブチにおいては地位協定によっていわゆるウィーン条約にもとづく外交官特権を明示的に認められている。
- 各国軍基地が大規模に展開していても、地元社会と非接触であるとき、地位協定如何にかかわらず基地問題は表面化しない。
- だからこそ基地問題を、地元との衝突や軋轢などのいわゆる基地公害の問題に回収することの妥当性を常に問わねばならない。
- 日米地位協定は、在日米軍基地・軍人らの「権利を定めたもの」として議論される。それは必ずしも誤ってはいないが、「彼ら自身を守るため」という地位協定の本質を再度確認する必要がある。

# 1　基地の歴史／米国との関係

## 1　ジブチ共和国と基地の概況

ジブチ共和国は、スエズ運河への玄関口に位置し、国土面積は約2万3200㎢と、ほぼ沖縄県の面積に相当する。アフリカ最小国家の1つであるジブチは、その位置が重要な意味をもつ。ジブチの面するアデン湾は紅海とインド洋を結ぶ海上貿易の要衝であり、海峡の最も狭い箇所は対岸のアラビア半島との間わずか約12㎞にすぎない。その海峡を年間約2万隻の貨物船が航行する。全世界の貨物貿易の約30％、同貿易総額の約10％がここを経由する国際貿易上、きわめて重要なポイントにジブチは位置している。

ジブチは同時に、アフリカ随一の発展を遂げてきた内陸国エチオピアにとって、唯一の国際貿易港であり、ジブチ港は、東アフリカ地域のゲートウェイを形成している。エチオピアなど東アフリカ8か国（ジブチ、エチオピア、エリトリア、ソマリア、ケニア、ウガンダ、スーダン、南スーダン）による地域機構「政府間開発機構（Intergovernmental Authority for Development: IGAD)」のメンバーとしてジブチは、同機構事務局を国内に置き、アフリカの角地域の貿易中心国として、重要な役割を担っている。

国際貿易サービスを唯一の例外に、ジブチには産業がほとんど存在しない。不毛な砂漠地域ゆえに農業は困難であり、天然資源もほぼ産出しない。国内総生産（ＧＤＰ）の80％をサービス部門

（特に海港サービス）に依存する産業状況となっている。こうしたなか、外国軍の駐留借地権による収入はジブチにとっては不可欠なものとなってきた。たとえば米国は賃料６３００万ドル／年（推定）、日本は４０００万ドル／年（推定）などをジブチ政府に対して支払っているとみられる。各国軍による基地賃借料の合計は推計で1～3億ドル程度／年とみられ、ジブチの国家歳入の10％程度を外国軍に対する基地の賃借料が占めていることになる。

## ２　戦略的要衝としての安定国家

ジブチ政府は、「『アフリカの角』に位置し、紅海に面し、３つの大陸に容易にアクセス可能で、欧州へも飛行機で7時間の距離という戦略的なポジション」と、自国の地理的位置を規定する。それは、ジブチが中東・北アフリカ・サブサハラアフリカ地域という不安定な地域における数少ない安定国家であるところにも大きな理由がある。ジブチが国境を接する国は、エチオピア、エリトリア、ソマリアと、国内外に騒乱が発生している国々である。また、海峡を挟んだ対岸のイエメンでも内戦が続いている。これらの国々では、アラビア半島のアル＝カーイダなど、多くの武装テロ組織が活動している。ジブチは、海上貿易の要衝というその地理上の位置に加えて、不安定な中東・東アフリカ地域のハブとなる場所にある安定した国内情勢をもつ国である。これこそが各国にとってジブチの戦略的重要性を高めるものとなってきた所以であり、後述するように世界でも有数の規模で外国軍基地がひしめく根幹の理由である。そもそもなぜジブチに基地があるのか、をジブチについて問うならば、中東・北アフリカから東アフリカにかけての不安定なエリアのなかで、随一の政治的に安定した戦略的要衝にあるため、ということになる。

## 2　基地問題と国内対策

21世紀前半においてジブチは、おそらく世界最大の外国軍基地の集中国である。ジブチは1977年にフランスから独立を果たしたが、防衛協定にもとづきフランス軍の駐留が継続された。不安定なアフリカの角地域に所在する戦略的要衝の小国として、独立後も旧宗主国フランスとの関係を維持することが自国の安全保障の根幹となってきたといえる。実際にジブチはフランス軍の海外拠点としては最大であり、ジブチ国際空港を拠点に約1500人のフランス軍部隊が駐留してきた。フランス政府は、賃借料として年間4000万ドル（3300万ユーロ）をジブチ政府に支払っているとみられる。

フランスに加えて最大の基地を置くのが米国である。9・11テロ後、対テロ戦争を開始した米国は、2002年にジブチ国際空港に隣接するキャンプ・レモニエをジブチ政府から租借し、常設の基地を置いた。同キャンプには、米アフリカ軍（AFRICOM）の統合任務部隊（CJT-Horn of Africa）が置かれ、中東・北アフリカのイスラム過激派との戦いの情報収集と対策の拠点として機能してきた。対テロ戦争それ自体は2021年8月のアフガニスタンからの米軍撤退という象徴的な形で終焉を迎えるも、テロ組織に対する攻撃は継続されている。キャンプ・レモニエは2022年時点でも4000人規模の要員が駐留するアフリカ最大の常設米軍基地である。米軍は、フランス軍が管理する西部のシャベレー空港にも拠点を置き、周辺のイエメン、サウジアラビア、ソマリア、エチオピアから南エジプトまで、近年注目度が高まっているドローン・ミッションの拠点としてきた。またジブチは、米軍の東アフリカでの兵站輸送の98％が経由する最重要拠点となっており、米軍の世界的基地ネットワークの重要なハブを形成している。

ジブチの基地の転機となったのは２００８年である。ソマリアを根拠地にした海賊によるソマリア沖・アデン湾での襲撃が増加の一途をたどり、被害件数が年間１００件にも至るなかで、国連安全保障理事会は２００８年６月に、ソマリア沖の海賊・武装強盗行為対策に関する決議（決議第１８１６号）を採択した。同年10月には、加盟国に軍艦等を派遣することを呼びかける決議第１８３８号が採択され、ＮＡＴＯ加盟国を中心に多国籍部隊が活動を開始した。

日本も２００９年３月に海上警備行動を発令して、海上自衛隊艦艇２隻による護衛活動をソマリア沖・アデン湾で開始した。同年６月19日には「海賊行為の処罰及び海賊行為への対処に関する法律」（海賊対処法）が国会を通過し、７月に施行された。これにより護衛艦１隻とＰ３Ｃ２機が派遣された。派遣部隊は当初は米軍のキャンプ・レモニエに展開したが、２０１１年６月に陸海自衛隊が合同で拠点を置く形で、自衛隊史上初めての海外拠点が開設された。２０１３年７月からは、ＣＴＦ１５１（Combined Task Force 151）に参加を決定し、同年12月から海上自衛隊護衛艦が各国軍とともに護衛活動を行ってきた。

２０１３年にはイタリア軍がジブチに進出して３００人規模の基地を置いたほか、ドイツ軍、スペイン軍もフランス軍の基地を間借りする形で進出しており、ジブチはＮＡＴＯ諸国の軍事拠点と

**図7-1　ジブチの外国軍基地の概観**

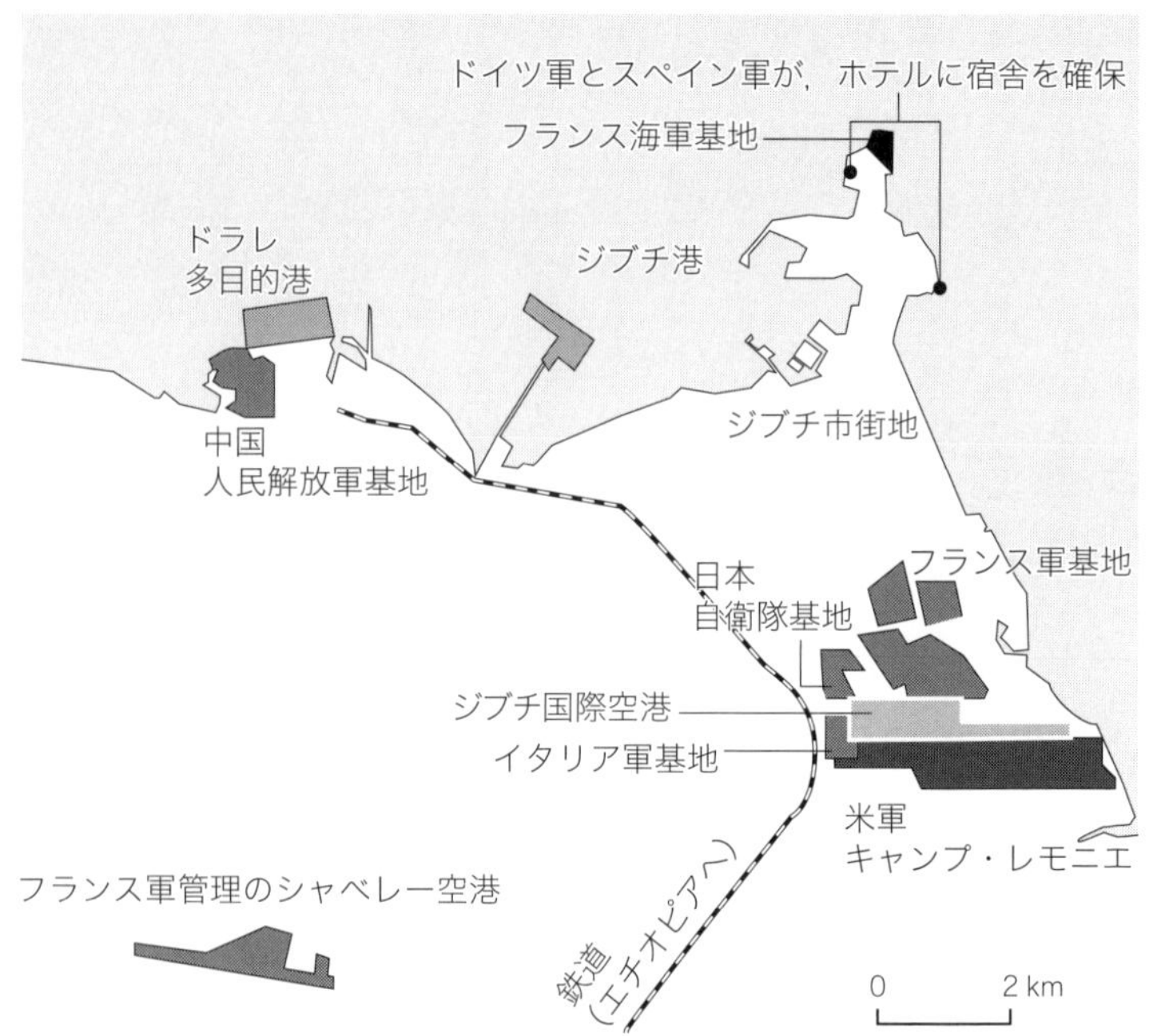


出所：筆者作成。

なってきた。2021年時点で、米軍基地にはサウジアラビア軍の要員も駐留しているほか、ロシアやインドも自国の基地建設計画が報じられた。

これら諸国に加えて、ジブチに基地を置くのが中国である。中国は2017年からジブチに展開を開始し、人民解放軍初の海外軍事基地として、5億9000万ドルを投じて海軍の恒久基地としてジブチ保障基地を建設した。

2022年現在で、フランス、米国、イタリア、ドイツ、スペイン、日本、中国の軍隊が駐留し、それら基地に関連する駐留外国軍人の延べ人数は常時５０００名程度と見積もられる。ジブチ市は６３０㎢程度の面積であり、人口の3分の2が集中する。その郊外に各国軍基地がひしめき合う構図にある（図７－１）。それにもかかわらず、いわゆる基地問題はほとんど存在しないとみられる。国際的に報道された例外的な基地問題としては、２０１３年に米軍のキャンプ・レモニエでの労働争議がある。これは、キャンプ・レモニエの現地雇用者数百名を米軍が削減した際に、解雇された労働者が基地前で連日抗議デモを行った事件だった。

沖縄をはじめ米軍基地で大きな問題となる軍人・軍属の犯罪などは、少なくとも報道ベースではほぼ存在しない。その要因として、フランス軍を除いて各国軍人は市内に外出しないことが指摘できる。最大の兵員を置く米軍は兵士の外出をそもそも禁止しているが、ジブチはイスラム教国であることからごく一部の外国人向けホテルを例外に酒の提供は禁止されており、繁華街も存在しない。たとえば自衛隊のジブチ駐屯地では、隊員が任務外で外出することはほぼない。筆者が２０１７年の訪問時にインタビューを行った際には、「出る理由がない」ことが理由として挙げられた。実際に自衛隊拠点では警備要員を除く多くの隊員にとっては、食堂の運営や清掃のために自衛隊が雇用している現地人スタッフがほとんど唯一の接点となる現地人である。このように地元民と外国軍関係者が非接触であることは、軍の不祥事のなさに直接に効いていることは容易に推察されよう。そこに外国軍がいることを市民の多くは知っているが、接点がほとんど存在しないのだ。

もっとも、独立以来同族支配の続く体制下で、そもそも政府の社会政策について異論が表面化しにくい国であることには留意する必要があろう。ゲレ（Ismaïl Omar Guelleh）の１９９９年の大統領就任後、政府を批判する野党勢力はたびたび抗議活動を行ってきたが、治安部隊によるデモ参加者の逮捕・訴追や、野党指導者の身柄拘束などが行われてきた。２０２０年に野党の政権批判が発生した際にも弾圧の結果、２０２１年の大統領選挙で現職ゲレ大統領は、投票率80％超、97・4％の得票を得て5選された。米国務省は２０２０年の人権に関する国別報告書のなかで、ジブチでは平和的な集会・結社の自由への実質的な妨害が全土で行われていること、市民に対する不当な虐待を行った治安機関その他の所属員が処罰されず、ジブチ政府は特定、調査、起訴、処罰さえもほとんど行っていないことを問題として指摘している。このように独裁体制下ではしばしばみられるように、著しい人権侵害が全土に蔓延する状況下では、基地に起因する問題が、その他多くの問題のなかで埋没している可能性は考慮する必要があろう。

なお、自衛隊が海賊対処活動を開始した２００９年以降、日本政府の対ジブチＯＤＡは急増した。従来、無償資金協力・技術協力を併せて5億円程度で推移してきたが、派遣が決定された２００８年には23億円に、２００９年には30億円を超えて、年度によっては50億円に迫る金額となっている。日本と同様に中国もまた、２０１７年の基地開設以降、ジブチへの官民の経済進出が著しい。中国輸出入銀行等の中国政府系金融機関による大規模な投資も進められ、ＧＤＰの80％を超えるジブチの対外債務の多くが中国によるものとなっている。このためジブチは、中国が複数国で行ってきた「債務の罠」――相手国の返済能力を超える大規模融資を意図的に行うことで返済不能に陥らせ、継続融資等と引き換えに中国政府がインフラの使用権や軍事利用などの別の要求を通す――の対象であることが警戒されている。なお、ジブチでの中国の積極的な投資は、中国が「一帯一路」の一環で東アフリカ全域において進めるプロジェクトとの連結が計画されており、たとえばエチオピアと結ぶ鉄道路線は、いずれはエチオピア、ケニア、ウガンダ、ルワンダなどの東アフリカ諸国と直接に接続された東アフリカ全体の鉄道網に接続されることが見込まれている。中国外務省の耿爽報道官は基地開設にあたり、「基地は中国が国際的な義務を果たし、ジブチの経済・社会発展を促進するのに役立つ」と述べている。このように、経済援助・進出と、軍事基地とが直接・間接に組み合わされながら展開するのがジブチの外国軍基地のもうひとつの特徴といえる。

## 3　日本にとって唯一の海外基地における地位協定

ジブチには先進諸国の軍隊が駐留し、地位協定をジブチ政府と結んでいる。本節では、自衛隊拠点を置くにあたり結ばれた日本・ジブチ両国間の地位協定「ジブチ共和国における日本国の自衛隊等の地位に関する日本国政府とジブチ共和国政府との間の交換公文」（以下、日ジブチ地位協定）に注目する。それは、日本が「派遣する側の論理」から締結した地位協定を、「受け入れる側の論理」として議論されてきた在日米軍地位協定を念頭に考えることになる。

最初に最大のポイントを指摘しておきたい。ジブチに展開する日本の自衛隊等の要員は、いわゆるウィーン条約にもとづく外交官特権を明示的に有しており、ジブチにおける全般的な治外法権が認められている。同様に自衛隊の基地（拠点）・施設についても同様に文書、財産、通信等に関して不可侵、免除の特権を有しており、大使館等の外交施設に準ずる扱いとなっている。

## 1　施設の管理・管轄について

沖縄の米軍基地をめぐり最も問題となるのが施設の管轄権である。日米地位協定第3条の1項では、

合衆国は、施設及び区域内において、それらの設定、運営、警護及び管理のため必要なすべての措置を執ることができる。日本国政府は、施設及び区域の支持、警護及び管理のための合衆国軍隊の施設及び区域への出入の便を図るため、合衆国軍隊の要請があつたときは、合同委員会を通ずる両政府間の協議の上で、それらの施設及び区域に隣接し又はそれらの近傍の土地、領水及び空間において、関係法令の範囲内で必要な措置を執るものとする。合衆国も、また、合同委員会を通ずる両政府間の協議の上で前記の目的のため必要な措置を執ることができる。

とされている。そのうえでよく知られているように、米軍施設への立入手続きや事件・事故発生時の通報手続き、騒音軽減措置や環境および汚染についてなどは、日米合同委員会合意によって定められている。

日ジブチ地位協定ではどうなっているのか。同地位協定第3条では、「両政府は、この取極を、それぞれの国において施行されている法令の範囲内で実施する（a）」、「この取極に基づく特権及び免除を害することなく、要員はジブチ共和国の法令を尊重するものとし、ジブチ共和国の国内問題に介入しない義務を有する（b）」ことが規定されている。つづく第4条では、ジブチに展開す

る日本側の自衛隊等について、「部隊、海上保安庁及び連絡事務所が与えられる特権及び免除」を規定している。それらは以下のとおりである。

（a）施設並びに部隊、海上保安庁又は連絡事務所が使用する船舶及び航空機は、不可侵とする。ただし、ジブチ共和国政府の官吏は、日本国政府の権限のある代表者の同意を得てそれらに立ち入ることを許される。

（b）部隊、海上保安庁及び連絡事務所並びにこれらの財産及び資産（所在地及び占有者のいかんを問わない）は、あらゆる形式の訴訟手続からの免除を享有する。

（c）施設、施設内にある用具類その他の資産及び部隊、海上保安庁又は連絡事務所の輸送手段は、捜索、徴発、差押え又は強制執行を免除される。

（d）部隊、海上保安庁及び連絡事務所の公文書及び書類は、いずれの時及びいずれの場所においても不可侵とする。

（e）部隊、海上保安庁及び連絡事務所の公用通信は、不可侵とする。

以上に加えて、第14条では施設の建造及び改造が、第15条では施設の警備が、それぞれジブチ政府の事前の許可や協力にもとづいて自衛隊に認められ、使用条件等の規定も存在しない。日本では在日米軍が行う飛行訓練が騒音や危険飛行に関連してしばしば注目される。これについて日ジブチ地位協定第11条eは、部隊及び要員に移動の自由及び旅行の自由を認めており、自衛隊側には事前の通告義務等はない。

## 2　刑事裁判権について

沖縄米軍基地に関連して大きな問題となるのが、米兵・同軍属による犯罪発生時の対応である。日ジブチ地位協定では、日本側の要員（自衛隊員、海上保安庁職員、日本政府職員）は、「ウィーン条約の関連規定に基づいて事務及び技術職員に与えられる特権及び免除と同様の特権及び免除をジブチ共和国政府により与えられる」（第5条）ことから、ジブチの裁判権、警察権の適用から免除されている。要員は、「日本国の権限のある当局は、ジブチ共和国の領域内において、ジブチ共和国の権限のある当局と協力して、日本国の法令によって与えられたすべての刑事裁判権及び懲戒上の権限をすべての要員について行使する権利を有する」（第8条）により、日本の国内法令に従うことになる。

さらに、「部隊は、その施設内の秩序を維持するため、警務隊を設置することができる」（第15条c）とされ、同時に「部隊の警務隊は、また、ジブチ共和国の軍事警察又は警察と協議し及び協力して、部隊隊員の間の秩序及び規律の維持を確保するために施設外で行動することができる」（同d）ことも規定されており、自衛隊警務隊が捜査等にあたることになる。2021年に至るまで、ジブチに派遣された自衛官等による犯罪行為は確認されておらず、公式に問題化された事例もない。仮に事件・事故が発生した場合には、「民間又は政府の財産の損害又は滅失に関する請求及び人の死亡又は傷害に関する請求は、当該請求の当事者間の協議を通じて友好的に解決する」（第9条a）

とされ、「友好的な解決に達することができない場合には、その紛争は、両政府による協議及び交渉を通じて解決する」(第9条b) こととなっている。

いずれにしても日ジブチ地位協定第5条でウィーン条約にもとづく外交官特権を与えられている要員がジブチ国内法に服することは、日本政府が当該要員に対する外交官特権(刑事裁判権からの免除)を特別に放棄しない限りは、想定されない。

### 3　隊員の入出国管理および租税や登録についての優遇措置について

日米地位協定第9条では、米軍人、軍属及びその家族の日本出入国について旅券及び査証に関する日本国の法令の適用からの除外を定めている。新型コロナ禍において沖縄の米軍基地でのクラスター発生をめぐり、米軍人等の出入国管理が注目されたことは記憶に新しい。

日ジブチ地位協定でも第11条によって日本側要員には出入国審査及び税関検査が免除され、また外国人の登録及び管理に関するジブチ共和国の規則の適用の免除も認められている。同地位協定第6条では、要員の手荷物の検査免除を認めたうえで、ジブチの法律で禁止されているものないし規制されている物品が含まれていると推定すべき十分な理由がある場合に限り、当事者ないし日本政府関係者(権限のある代表者)の立会いの下でジブチ政府による検査を認めている。この点について日米地位協定第11条(関税及び税関検査の免除)に関する合意議事録では、「日本の税関当局が、物品の搬入に関連する濫用又は違反があったと認めるときは、合衆国軍隊の当局に対してその問題を提起することができる」としている。

在日米軍が高速道路利用料金や各種公共料金など、日本国内での租税や課徴金支払いを免除されていることも問題視されてきた。在日米軍に関しては、いわゆる「思いやり予算」によってこれら公共料金を日本側が肩代わりしている。日ジブチ地位協定では道路や港湾などの利用料金などは免除されている。他方で、「部隊、海上保安庁及び連絡事務所は、自らが要請して受けた役務に対する課徴金を免除されない」（第11条g）ことも規定され、在日米軍ほどの広範な事実上の優遇措置は行われてはいない。

## 4　環境保全・汚染責任と返還時の原状回復措置について

ここまでみたように、日米地位協定と日ジブチ地位協定には類似点も多い一方で、細部では相違もみられる。おそらく最大の相違の1つが、ここにある。日米地位協定第4条は、「施設及び区域の返還、原状回復、補償」を定めるほか、環境改善措置などの取り決めを行っている。そこでは米軍には原状回復義務は存在しないことが明記され、汚染防止策や返還地の汚染浄化措置の欠如が問題視されてきた。1973年の日米合同委員会合意「環境に関する協力について」で、汚染時の調査や対策の手続きは一応定められているものの、実際に嘉手納基地でのポリ塩化ビフェニール（PCB）汚染や部分返還された米軍北部訓練場等での環境被害に際し、十分な対応が行われていない現実が存在する。

日ジブチ地位協定には、環境に関する条項もなければ、返還についての規定も存在しない。前述の第4条のとおり、自衛隊等の施設についてジブチ政府の管轄を認めず不可侵とされ、また「両政府は、この取極を、それぞれの国において施行されている法令の範囲内で実施する」（第3条a）ことが定められていることから、ジブチ拠点には日本国内法が適用されることにはなる。またジブチ政府側には「日本国政府の権限のある代表者の同意を得てそれらに立ち入る」（第4条a）ことが認められているに留まるため、実際上、汚染防止や現状回復についての責任が日本側に問われることはほとんどないと考えられる。

日米地位協定はその前提に日米安全保障条約があり、事実上自動延長される一方で、日ジブチ地位協定は1年単位で更新される。毎年、両国間で交渉のうえで合意を続けないと失効するという意味では基地返還の実現可能性は高いといえるが、日ジブチ協定に返還規定は存在しない。むしろ当初の派遣目的だった海賊対処の重要性は低下して2010年代後半にはNATO諸国が活動を縮小するなかで日本政府は拠点の増強を行い、2015年からのジブチ軍に対する能力構築支援事業の展開や邦人保護拠点化を進めて2017年には基地を拡張、2018年には邦人保護および能力構築支援等の実施拠点として恒久基地としての整備を続けることを表明した。

## 4　沖縄への含意

ここまでジブチの外国軍基地について、特に日ジブチ地位協定からみてきた。ここでは改めて、接受国としてのジブチと派遣国としての日本の姿から、そもそもの問いに立ち返りながら基地問題――沖縄――への含意を導出してみたい。

第1に、戦略的要衝に位置する地域にとっての外国軍基地の意味についてである。そもそもなぜ、そこに基地があるのかという基地問題を考える出発点に立ち返るものだが、ジブチは、不安定な国家に周囲を囲まれ、またテロ組織も跋扈するエリアのなかにある。こうした地政学的環境下で、外国軍基地を置くことで自国の安全保障を追求するのがジブチ自身の国家戦略でもある。周辺からの直接的脅威を抑え、安全保障問題を問題化させない工夫でもある。日本の議論では、外国軍基地などを置くことによる戦争に巻き込まれるリスクが話題になる。だがジブチの事例からは逆に、外国軍基地の存在が自国の安全を保障する構図が浮かび上がる。

第2に、外国軍と住民や地元社会との接点についてである。ジブチでは、基地問題として問題化した形跡はない。各国の基地の進出と経済関係とが一体化したジブチでは、基地に特化した問題設定とはなりにくいこともあろうが、大きな要因には、そもそも外国軍人が地元と関わる機会がないことがある。遊び場、繁華街がないことで彼らは基地の外にそれほど出てこないし、そのことの良し悪しは別に、ジブチへの関心がそもそもない場合もある。

最後に、地位協定とはどういうものかという点である。もちろん地位協定は、派遣される軍や関係者の権利を定めるものというのは周知の事実である。批判的な文脈では時に「特権」とも称されるし、そういう性格も多分にある。だが日ジブチ地位協定の検討からは、派遣される兵士や資産を守るという本質が改めて浮かび上がってはこないだろうか。それは国連PKOなどの軍による平和活動をみてきた筆者自身が、派遣する側の視点で自衛隊や軍を捉えてきたことに起因するものかもしれない。地位協定といった際には、ただちに米軍基地をめぐる問題や改定、改善の必要のある問題をはらむものという認識を筆者自身も抱く。他方で筆者自身が通常、ＳＯＦＡ（Status Of Forces Agreement）という用語、つまり地位協定を平和活動の文脈でみるとき、派遣されることになる兵士をいかにして守るのか、という観点から無意識に読み込んでいることに気づかされる。筆者自身は米軍基地問題を専門とする研究者ではないがゆえに、そこでの地位協定の語られ方と、自身がみてきたＳＯＦＡの語られ方のずれの気づきは新鮮な驚きだった。編集後記のような形になってしまうことを自覚しつつ、この点を本章の最後に、記述しておきたい。

**参考文献**

川名晋史編『基地問題の国際比較――「沖縄」の相対化』明石書店、２０２１年。

佐道明広『沖縄現代政治史――「自立」をめぐる攻防』吉田書店、２０１４年。

琉球新報社・地位協定取材班『検証「地位協定」日米不平等の源流』高文研、２００４年。

岩本誠吾「海外駐留の自衛隊に関する地位協定覚書――刑事裁判管轄権を中心に」『産大法学』第43巻３・４号、２０１０年。

山本章子『日米地位協定――在日米軍と「同盟」の70年』中央公論新社、２０１９年。

William Thomas Worster, "Immunities of United Nations Peacekeepers in the Absence of a Status of Forces Agreement," *Revue de Droit Militaire et de Droit de la Guerre*, Vol.47, 2008.

# 第Ⅲ部

# アジア・太平洋

# 第8章　韓国

石田 智範

**要点**

- かつて韓国全土に散在した米軍基地は、2000年代の再編を通じて抜本的に整理・統合が進められた。他方、米軍部隊の主たる移転先となった韓国中西部のハンフリーズ基地は大幅に整備・拡張され、世界最大規模の海外米軍基地となるに至った。
- 基地再編に先立って、韓国は地位協定の改定も実現した。しかし、韓国が目標とした「NATO並み」ないし「日本並み」の条件を獲得するには至っていない。
- 日韓の米軍基地は、軍事はもとより政治的にも密接に連関している。ともに北東アジアで米軍を支える民主主義国として、日本と韓国が協力を模索する余地は大きい。

# 1　基地の歴史／米国との関係

朝鮮半島の南北が政治的に分断される痛みのなかで産声を上げた韓国は、半ば宿命的に北朝鮮との軍事的な対峙を迫られてきた。その過程は、韓国における米軍の存在を抜きにしては語りえない。初代大統領李承晩（イスンマン）が大韓民国政府の樹立を宣言してから2年と経たない1950年の夏、北朝鮮の奇襲攻撃を受けて総崩れとなった韓国を国家存亡の淵から救い出したのは、共産主義勢力との世界規模の対決を決意し、国連旗を掲げて参戦した米国の軍事力であった。以来、冷戦期を経て今日に至るまで、日本、ドイツと並んで韓国は、米国の同盟国として広大な米軍基地を内に抱えて、世界有数の接受国であり続けている（⇒**序章**）。

兵員数およそ2万の陸軍と8千の空軍を主軸とする在韓米軍は、大きくふたつの地域に集約されている。すなわち、ソウル南方の韓国中西部に位置する烏山（オサン）・平澤（ピョンテク）地域と、同国南東部に位置して対馬海峡を臨む大邱（テグ）・釜山（プサン）地域のふたつである。このうち特に前者は、在韓米軍司令部が所在し、主力の陸上部隊である第2歩兵師団が駐屯する平澤のハンフリーズ（Humphreys）基地と、米第7空軍司令部が所在する烏山空軍基地とが近接して、在韓米軍戦力の中核をなしている。他方、後者の大邱・釜山地域は有事に備えた兵站の備蓄・補給拠点としての役割を担う（**図8－1**）。

## 1　2000年代の米軍再編

図8-1　韓国の主な米軍基地

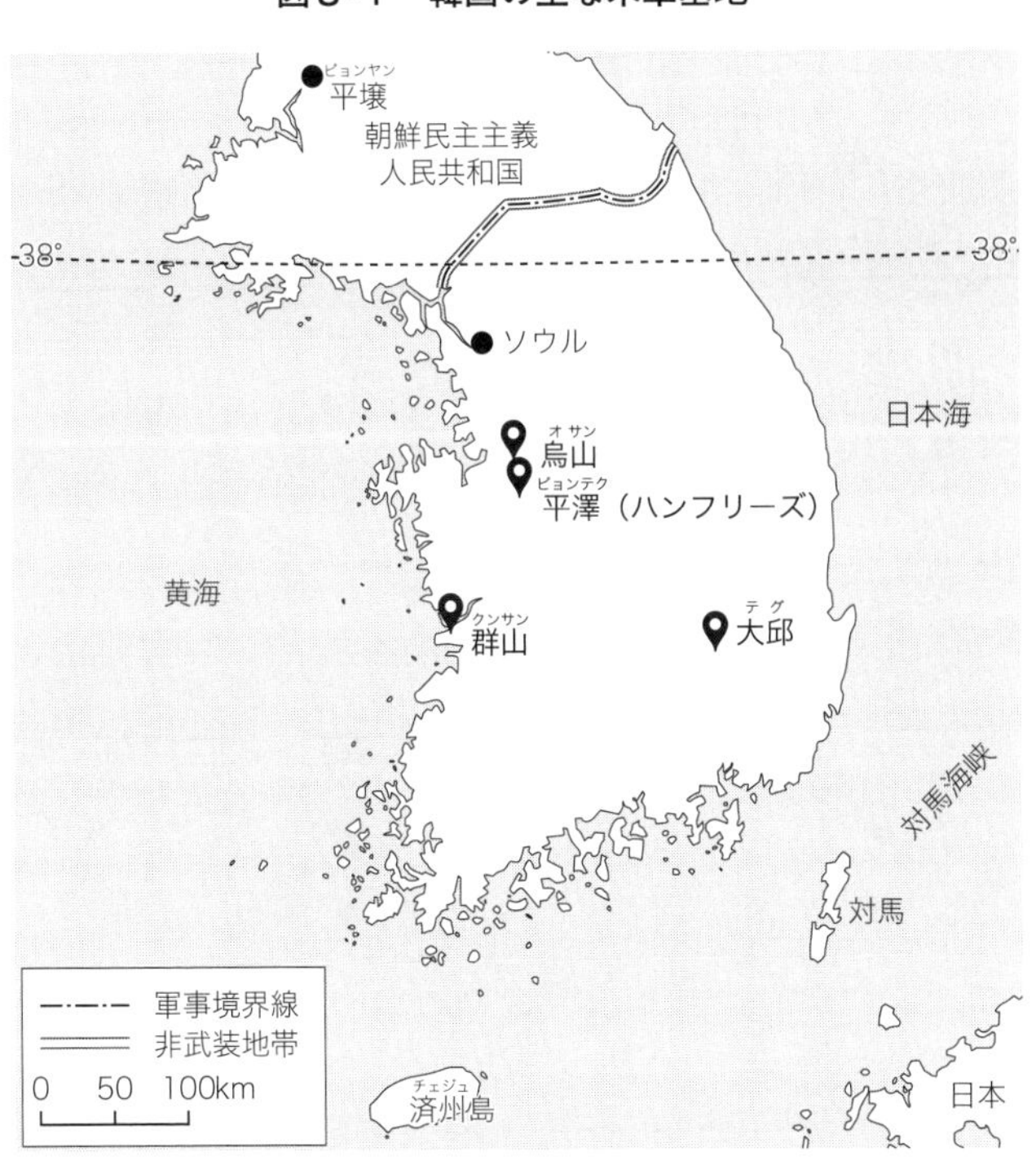


出所：Carnes Lord and Andrew S. Erickson eds., *Rebalancing U.S. Forces: Basing and Forward Presence in the Asia-Pacific*, Naval Institute Press, 2014, p.66をもとに筆者作成。

在韓米軍がこのような形に整えられたのは、2000年代に米韓両国が取り組んだ再編協議を通じてである。そのイニシアチブをとったのは米国側であった。

韓国における盧武鉉（ノムヒョン）政権の発足を間近に控えた2003年2月、ブッシュ（George W. Bush）政権の国防長官であるラムズフェルド（Donald Rumsfeld）は、「相当数の米軍部隊がソウル地区や〔南北を隔てる〕非武装地帯沿いを離れて、エアー・

ハブとシー・ハブに集約される」と語って在韓米軍の再編構想を披歴している。その構想の眼目は、冷戦期を通じて韓国防衛に専従してきた在韓米軍を、朝鮮半島の域外にも柔軟に機動展開が可能な部隊へと作り替えることにあった。今日の在韓米軍プレゼンスのあり方は、こうした米国の構想を下敷きに、盧武鉉政権とブッシュ政権が協議を重ねたことの結果である。

「韓国において米軍は、各部隊が朝鮮戦争の終わりを迎えた場所にあたかも氷漬けにされてきた」とラムズフェルドが別の機会に吐露したように、再編前の米軍基地は、ソウル北方の前線地帯を中心として韓国全土に散在していた。そうした米軍の存在は、朝鮮戦争の経験が記憶に生々しい世代の韓国国民にとっては安心の源泉であった。とりわけ、北朝鮮軍の侵攻経路を塞ぐようにしてソウル北方の前線地帯に配置された米軍部隊の存在は、有事における米国の自動的な介入を保証する「仕掛け線（trip-wire）」として、韓国防衛にまつわる米国の決意の象徴とみなされてきた。李承晩、朴正煕（パクチョンヒ）、全斗煥（チョンドファン）と続いた権威主義的な統治の下では駐留米軍への批判がタブーとされたこともあり、冷戦期を通じて米軍基地が深刻な政治問題となることはなかった。

この構図はしかし、１９８７年に成し遂げられた韓国の民主化と、それに引き続いた冷戦の終焉を受けて大きく変貌する。民主化後の韓国において、米軍基地問題は国民的な議論の対象としてれっきとした地位を獲得した。それまで権威主義体制下で蓋をされてきた米軍基地をめぐる具体的な不満が、正当な政治的要求として表出する機会を与えられたのである。さらに、冷戦構造からの脱却という世界的な潮流は、韓国においても在韓米軍プレゼンスのあり方、ひいては米韓同盟のあり方を問い直す気運を生んだ。「太陽政策」を掲げて北朝鮮との対話路線へと舵を切った金大中（キムデジュン）政権は、折しも朝鮮戦争の勃発から半世紀を経た2000年6月、史上初となる南北首脳会談を実現させる。それは、南北の軍事的な緊張を前提としてきた在韓米軍の存在意義を、潜在的にせよ揺るがす出来事であった。いわば韓国は、国を挙げて権威主義体制の遺構を解体し、さらには南北分断体制の克服を図ろうとする過程で基地問題と向き合ったのである。そのことからすれば、基地問題をめぐる韓国国内の議論がしばしばナショナリズムの熱を帯びたことは自然であった。

「私は米国にひれ伏すつもりはない。韓米同盟は水平的な関係へと変革されねばならない」と訴えた盧武鉉が2002年12月の大統領選挙を勝ち抜いたことは、こうした文脈にある。そして、韓国政治の潮流を捉えてブッシュ政権が在韓米軍の大胆な変革を決断したことにより、抜本的な基地再編へと道が開かれたのであった。協議を通じて米韓は、金大中政権下で合意した基地返還計画(Land Partnership Plan)を、より野心的な再編計画へと改定する。さらに両国は、ソウル中心部にあって在韓米軍が長らく司令部を構えてきた龍山(ヨンサン)基地の返還合意にも漕ぎ着けた。こうして、かつて総面積7320万坪に及んだ在韓米軍基地は、約3分の1の2515万坪にまで整理・統合が進められることとなったのである。他方、米軍部隊の主たる集約先として、ソウル北方の前線地帯から第2歩兵師団を、また龍山基地から在韓米軍司令部を迎え入れることとなった平澤のハンフリーズ基地は、総面積444万坪（約1467万7000㎡）を誇る世界最大規模の海外米軍基地へと整備・拡張が進められたのであった。

## 2　未完の同盟協議

さらに、盧武鉉政権とブッシュ政権が進めた同盟協議は、基地の再編にとどまらない広がりをもつものであった。ひとつには、韓国側が強く主張した、韓国軍の戦時作戦統制権の返還問題がある。朝鮮戦争下の１９５０年７月、北朝鮮軍の進撃を受けて韓国南部へと後退を続ける李承晩大統領は、軍の指揮系統を整理して戦局を立て直すべく、韓国軍の作戦指揮権をマッカーサー（Douglas MacArthur）国連軍司令官へと移譲した。その取り決めは休戦後も引き継がれ、国連軍司令官と米韓連合軍司令官を兼ねる在韓米軍司令官が韓国軍の作戦統制権を保持する時代が長く続いた。このことは韓国において自国の主権を制限するものとして問題視され、１９９４年には「平時」に限っての作戦統制権が返還されるも、戦時における作戦統制権の返還は積み残しとなっていた。そこで盧武鉉は、「作戦統制権こそ自主国防の核心」と語ってその実現に意欲的に取り組んだのである。紆余曲折を経て米韓両国は、一旦は２０１２年４月までの返還実現に合意する。しかし、後継の李明博（イミョンバク）・朴槿恵（パククネ）政権の下で返還条件が見直されたことから、戦時作戦統制権の返還は今日に至るまで実現していない。米韓同盟の実効性を犠牲にすることなく、いかに「自主」性を担保するのか、盧武鉉が提起した課題の回答を韓国は今も模索しているのである。

盧武鉉とブッシュの両政権の間で議論された事柄のいまひとつは、米国側が強く主張した、在韓米軍の「戦略的柔軟性（strategic flexibility）」の問題である。先述のとおり、在韓米軍を朝鮮半島の域外にも柔軟に機動展開が可能な部隊へと作り替えることは、ブッシュ政権が描いた再編構想の核心であり、在韓米軍がそうした「戦略的柔軟性」をもつことを韓国に受け入れさせることは米国にとっての至上命題であった。米韓協議の過程では、米国防総省の高官が協議の決裂時における在韓米軍の全面撤退の可能性を示唆してまで、「戦略的柔軟性」の受け入れを韓国側に迫ったとされる。しかし韓国にとってそれは、容易に応諾しえない問題であった。というのも、韓国内の基地から出撃する米軍が他地域での作戦に従事するとなれば、韓国が自ら望まない紛争――たとえば中台紛争――に巻き込まれるおそれがあったからである。２００５年6月の米韓首脳会談で盧武鉉は、在韓米軍の域外派遣に際しては両国政府間の事前協議が必要となることをブッシュに説いたとされることへの懸念を斟酌した末の、いわば苦渋の提案であった。しかし、在韓米軍の「戦略的柔軟性」(船橋 2006)。域外紛争に巻き込まれることへの懸念と、我を通すことで同盟国から見捨てられるに枠をはめようとするその提案は、ブッシュ政権の受け入れるところとはならなかった（石田 2021)。この問題をめぐる両国の綱引きの結果は、２００６年1月の米韓外相会談における共同声明の、次の一節に示されている。

韓国は、同盟国として、米国のグローバルな軍事戦略の変革に関する考え方を十分に理解し、在韓米軍の戦略的柔軟性の必要性を尊重する。戦略的柔軟性を実施するに際して米国は、韓国国民の意思に反して北東アジアの地域紛争に関与することはないとする韓国の立場を尊重する。

有事においても自国の立場を米国が「尊重」することに、韓国は望みをつなぐこととしたのだった。

## 2　基地問題と国内政策

　前節でも触れたように、韓国において基地問題が国民的な議論の対象となるには民主化の実現を待たなければならなかった。しかし、ひとたび意見表出の回路を獲得すると、米軍基地のあり方に見直しを求める声は、市民運動の形をとって韓国政治に大きなうねりを巻き起こすこととなる。それはひとつには、権威主義体制下の韓国において、米軍基地をめぐる地域住民の不満に公的な手当てがほとんどなされてこなかったことの結果であった。韓国経済の成長に伴い、一方では基地近隣の市街地が発展して米軍と地域住民の摩擦の機会が増大し、他方では基地が地域社会にもたらす経済的な恩恵が相対化されるなかで、米軍基地をめぐる不満は権威主義体制下の韓国社会に鬱積していたのである。

　加えて、権威主義的な統治に対する草の根の抵抗が長く続いた韓国社会には、市民運動の文化が深く根づいていたことも、民主化を契機とした基地問題の争点化に一役買った。民主化後の韓国には数多の市民団体が立ち上げられ、社会問題の是正に向けて地域や分野を跨いだ協力関係の構築が積極的に模索された。平和、環境、人権、地方自治といった多様な側面を併せもつ基地問題は、そうした草の根の取り組みの有効な受け皿として機能したのである。さらに付言すれば、基地運動が支持を集める過程では、イデオロギーの要素――かつて反体制運動を展開した世代が共有した、米軍を権威主義政権のパトロンとみなして南北融和の阻害要因と捉える世界観――が果たした役割も重要であった。

## 1　地位協定の改定運動

かくして基地問題が国民的な議論の俎上に載るなかで、1999年には多くの市民団体が名を連ねた連合組織「SOFA改正国民行動の会（PAR－SOFA）」が立ち上げられる。基地問題にまつわる広範な論点が集約的に表現され、かつ他国のそれとの比較をもって具体的な対案を打ち出しやすい地位協定は、市民運動の対象として格好の材料だったのである。折しも2000年5月の梅香里（メヒャンニ）射撃場誤爆事件、7月の漢江（ハンガン）への有毒物質ホルムアルデヒド放流事案の発覚と、南北首脳会談を挟んで米軍の不祥事が明るみに出たことは、運動の強力な後押しとなった。次節でみるように、米韓両政府が早くも2001年1月に地位協定の改定に署名したことは、一面においてこうした韓国における基地運動の盛り上がりの結果であった（Moon 2012）。

もっとも、地位協定の改定にあたっては、韓国政府が果たした役割も重要であった。時の大統領金大中は、地位協定の改定が米韓同盟の基礎を一層確かなものにするとの立場から率先して米国に働きかけたのであり、だからこそクリントン（Bill Clinton）大統領も自らの任期中に懸案を処理して金大中の期待に応えたのである。いわば2001年における地位協定の改定は、それに意欲的であった韓国政府と、その取り組みを後押しした韓国の市民社会との合作であった。

確認しておくべきは、韓国において地位協定の改定を求める主張が、日米地位協定を重要な参照点とし、米国から「日本並み」の扱いを受けることを目標に掲げていたことである。2000年7

月末の決議で韓国国会が求めたのは、地位協定をドイツや日本と同等のものへと全面改定することであった。同じ月に、米紙ロサンゼルス・タイムズのインタビューに応えて金大中大統領は、次のように国民の声を代弁している。

もしも私たちが日本と同等の地位協定を結べないとするならば、私たちの過去の歴史、そして日本に対する複雑な国民感情に照らして、それは韓国国民にとって受け入れがたいことである。（中略）このことが自尊心を大いに傷つけるものであると、韓国国民は感じているのである。

当然のことではあるが、2001年の改定がすべての韓国国民を満足させるということはありえなかった。翌2002年6月には、2人の女子中学生が公道で米軍装甲車の下敷きとなり命を落とす事件が起きる。米軍事法廷が米兵被告に無罪評決を下すと、韓国世論は沸騰し、地位協定の再改定もが叫ばれた。

しかし、ほどなく基地運動は、新たに浮上した争点へと関心を移す。焦点となったのは、盧武鉉政権とブッシュ政権の再編協議を通じておよそ3倍の規模へと拡張されることとなった、平澤のハンフリーズ基地をめぐってであった。

## 2　ハンフリーズ基地の拡張反対運動

2004年7月、「龍山基地および米第2師団が移転する平澤地域の敷地提供規模」につき、「韓国側が349万坪を提供する」ことで米国と合意すると、盧武鉉政権は自ら描いた基地再編構想の成否をかけて用地の確保に乗り出す。韓国国防部は2005年9月、予定地349万坪のうち229万坪の協議買収が完了したとして、残りの用地については所有者が協議買収に応じない場合、補償費を供託して強制収用する方針を発表した。

米韓合意の履行に邁進する韓国政府に対峙して、反対派は諸団体からなる連合組織「平澤米軍基地拡張阻止汎国民対策委員会（KCPT）」を結成する。その中核を担ったのは、地元住民であるよりもむしろ、PAR-SOFAの中心メンバーでもあった文正鉉（ムンジョンヒョン）神父をはじめ、米軍基地の存在に理念的に反対する勢力であった。反対派は、基地建設予定地とされた大楸里（テチュリ）の小学校跡地を拠点として立てこもり抗議活動を続けた。

対話の試みが挫折した末の2006年5月、盧武鉉政権は反対派の強制排除に乗り出す。4日、軍は大楸里一帯を軍事施設保護のための制限区域に指定して周囲に鉄条網を張りめぐらし、警察も機動隊1万2000人を動員して校舎の撤去作業にあたった。その過程でデモは流血の事態となり、524人が連行される大規模な公安事件に発展する。警察の発表によれば、校舎からは200ℓのガソリンと鉄パイプ50本余りが押収されたという。

暴力的なデモの様子が報じられたことで、ハンフリーズ基地の拡張反対運動は世論の離反を招き、ほどなくKCPTは霧消した。盧武鉉政権は米国との合意の履行を確保して、自ら描いた基地再編計画の推進に道筋をつけたのであった（Yeo 2011）。

## 3　地位協定

実は2001年の改定に先立って1991年にも、米韓両国は地位協定を改定している。二度の改定という韓国政府の実績は、日米地位協定について論じるうえでもしばしば引き合いに出されてきた。とはいえ、日韓の事例を比較して論じるにあたっては、韓国の場合に固有の事情を押さえておく必要がある。端的に言えば、韓国が二度にわたって地位協定の改定を実現しえたのは、NATO軍地位協定や日米地位協定と比べて、それが際立って米国に有利な内容だったからである。1987年の民主化を境に韓国の世論と正面から向き合うこととなった米国にとって、その内容を擁護し続けることはもはや困難だったのであり、だからこそ米国は韓国の改定要求に応じたのであった。

そもそも、米韓両国が最初に地位協定を結んだのは1966年7月のことである。それまで、朝鮮戦争下で取り交わされたいわゆる大田（テジョン）協定にもとづいて、米兵に係る裁判権の一切を米軍が握る時代が長く続いた。韓国が地位協定の締結という宿願をようやく果たしたのは、時の朴正煕政権がベトナム戦争への参戦を打ち出した後のことである。しかもそれとて、最大の争点であった刑事裁判権については、「特に重要な」事件であるとして両国が例外規定の適用に同意しない限りは、韓国が第一次裁判権を一律に放棄することを合意議事録に定めるなど、他国のそれと比較して明らかに韓国に不利な内容を含むものであった。平たく言えば、米国は権威主義体制下の韓国の法治に一切の信頼を置いていなかったのであり、韓国が民主化を果たすまでは、在韓米軍の法的地位について率先して譲歩する動機も持ち合わせていなかったのである。1991年の改定はこの刑事裁判権の自動放棄条項の削除を中心としたものであり、さらなる改定の必要を意識して米韓両政府が1990年代半ばから断続的に交渉を重ねた結果が、2001年の再改定なのであった。なお、韓国が米軍駐留経費の分担に応じるようになったのは、地位協定の改定と同じ1991年からである。

さて、2001年の改定に際しても最大の焦点は刑事裁判権であり、なかんずく韓国側への米兵被疑者の身柄引き渡しのタイミングが問題とされた。NATO軍地位協定とそれにならう多くの地位協定が起訴段階での引き渡しを定めるなかで、それまで韓国側への米兵被疑者の身柄引き渡しは判決の確定後とされてきたのであった。この点については、殺人、強姦、営利誘拐、違法薬物の取引、販売目的での違法薬物の製造、放火、凶器を用いた強盗、傷害致死、飲酒運転による死亡事故、死亡事故を起こした現場からの逃走といった12の類型の犯罪に限って、起訴段階での引き渡しを可能とするように改められた。また、合意議事録や了解覚書といった付帯文書において処理されたとはいえ、韓国側の求めに応じて環境、労務、動植物の検疫、施設・区域の供与・返還、民事訴訟手続きといった広範な争点について合意がなされるなど、総じて2001年の改定は、米韓同盟の基礎を確かにしようとする両国政府の意欲を反映したものであった（宋・申 2003；清水 2004）。

とはいえ、韓国側が主張した全面改定の要求は受け入れられず、協定本文の改定は刑事裁判権について定めた第22条に若干の項目を書き加えるにとどまったことも事実であった。主要な米軍地位協定の内容を包括的に比較した佐々山によれば、二度の改定を経てもなお、地位協定を通じて韓国が享受する権利は、NATO諸国はおろか日本やフィリピンのそれと比べても一段見劣りするものと評価せざるをえないという（佐々山 2019）。

## 4　沖縄への含意

二度にわたって地位協定の改定を実現し、また移転先を確保して米軍基地の再編に確かな見通しをつけたことにより、韓国において基地問題は過去のものとなったのかもしれない。韓国の働きかけにもかかわらず北朝鮮は核開発を続け、また自己主張を強める中国の振る舞いが地域秩序に波紋を投げかけるなかで、韓国において在韓米軍の存在意義に疑いを差し挟む余地は狭まってもいるだろう。

翻って日本において基地問題は、依然として今日的な課題である。沖縄の負担軽減に向けた政府の取り組みは未完であり、日米地位協定をめぐっても運用の改善を図るばかりでは不十分との声が上がる。日米同盟の円滑な運用を図るうえで、基地問題に真摯に取り組むことが不可欠なことに異論の余地はない。

その取り組みを進めるにあたっては、米軍基地の問題を日米の二国間関係の枠で捉えるばかりでなく、それが地域的な広がりのなかで有機的な結びつきをもつ事実を念頭に置くことが重要だろう。かつて沖縄の施政権返還交渉に際して自国の安全保障が損なわれることに懸念を表明したのは、朴正熙政権下の韓国であった（成田 2020）。先に述べたとおり、地位協定の改定にあたって韓国国民が熱望したのは、米国から「日本並み」の待遇を受けることであった。このことを米国の視点で捉え直せば、米国は在日米軍基地問題を扱ううえで、韓国への波及効果を念頭に置かざるをえないのである。たとえば、日米地位協定を扱う米国の当局者は、日本に何かしらの譲歩を行うことが、すぐさま米韓間での地位協定の争点化に結びつくことを恐れるだろう。

こうした事情を、ただ後ろ向きに捉えることもできる。しかし、見方を変えれば、日本が米国に基地問題の改善を働きかけるうえでの最善のパートナーとして韓国を位置づけることもできるだろう。北東アジアにおける米軍のプレゼンスを支えるために日韓が協調するとすれば、それは日韓のみならず、米国にとっても歓迎すべき展開なはずである。

＊本章の内容は筆者個人の見解であり、所属する組織を代表するものではない。

**参考文献**

石田智範「米韓同盟における基地政治――『同盟の再調整』と基地契約の見直し」川名晋史編『基地問題の国際比較――「沖縄」の相対化』明石書店、2021年。

佐々山泰弘『パックスアメリカーナのアキレス腱――グローバルな視点から見た米軍地位協定の比較研究』御茶の水書房、2019年。

清水隆雄「在韓米軍地位協定等について」『外国の立法』第220号、2004年、184‐232頁。

宋永仙・申範澈「在韓駐留米軍の現在と未来――関連懸案を中心に」本間浩ほか『各国間地位協定の適用に関する比較論考察』内外出版、2003年。

成田千尋『沖縄返還と東アジア冷戦体制――琉球／沖縄の帰属・基地問題の変容』人文書院、２０２０年。
船橋洋一『ザ・ペニンシュラ・クエスチョン――朝鮮半島第二次核危機』朝日新聞社、２００６年。
Andrew Yeo, *Activists, Alliances, and Anti-U.S. Base Protests*, Cambridge University Press, 2011.
Katharine H. S. Moon, *Protesting America: Democracy and the U.S.-Korea Alliance*, University of California Press, 2012.

# 第9章 豪州

福田 毅

**要点**

- 米軍が豪州で使用する施設の大半は、居住地域から離れた場所に位置している。また、豪州に常駐する米軍部隊の任務は主に情報収集や通信であり、人数も少ない。そのため、騒音や犯罪といった基地問題が多発することはない。
- 一方で、豪政府は主権の問題に敏感である。米軍が使用する施設はすべて豪州の施設または米豪共同施設であり、豪政府は国内に「米軍基地」は存在しないと主張している。
- さらに、米豪両国は「完全な知識と同意」の原則に同意している。この原則は、在豪米軍の活動や使用施設の性質・役割を豪側が完全に把握したうえで、それらに同意を与えることを意味する。ただし、在豪米軍の活動は軍事機密に関わる部分も多く、豪政府も知りえたすべての情報を公表しているわけではない。

# 1　基地の歴史／米国との関係

## 1　ANZUS条約の締結

豪州は1901年に独自の憲法を制定しイギリスから事実上独立したが、その後も安全保障はイギリスに依存していた。しかし、第二次世界大戦が発生し、太平洋でイギリスが劣勢に陥ると、豪州は米国に支援を求めた。米軍は豪州に地域司令部や信号情報収集（シギント）部隊、沿岸監視部隊、長距離偵察部隊を展開したが、戦争が終結すると部隊の大半は撤退した。ただし、シギントについては米英を軸とする協力が継続され、これがファイブアイズと呼ばれる米英豪加ニュージーランド（NZ）のシギント協力枠組みへと発展する。

第二次大戦終結後の豪州にとって、最大の脅威は日本の軍国主義復活であった。しかし、1949年に中国共産党が国共内戦に勝利すると、豪州も共産主義の脅威を認識し始めた。この頃から豪州は、自国の安全を確保するためには米国による保障が必要だと考えるようになった。1950年6月に勃発した朝鮮戦争への参戦を豪州が即座に決断したのも、米国からの見返りを期待してのことであった。さらに同年9月に米国が対日講話7原則を示すと、そこに日本の再軍備制限が含まれていないことを豪州は不安視し、米豪NZによる防衛協定の締結を米国に求めた。交渉には紆余曲折があったが、1952年9月に3か国はANZUS条約に署名した。同条約第4条は、太平洋地域で締約国が武力攻撃を受けた場合には「自国の憲法上の手続きに従って共通の危険に対

図9-1　米軍が使用する豪州の施設

出所：筆者作成。

処する」と定めている。ただし、日米安全保障条約とは異なり、米軍駐留や基地提供に関する規定は存在しない。南太平洋に大きな脅威は存在しなかったため、豪州とＮＺに米軍が駐留する必要性が低かったからである。

同盟条約は締結されたものの、それによって米豪の実質的な防衛協力が即座に深まったわけではない。１９５０年代には在豪米軍の人数も百人に満たないことが多かったし、イギリスとの協力も依然として豪州にとって重要であった。しかし、１９６０年代になると状況が変化する。その背景には、インドシナ情勢の悪化に伴い共産主義の脅威に対する豪州の認識が強まったことや、英軍がアジア太平洋からの撤退を検討し始めたことがあった。また、１９６０年代初めに米ソが大陸間弾道ミサイル（ＩＣＢＭ）と潜水艦発射弾道ミサイル（ＳＬＢＭ）の本格的配備を開始したことも、米豪関係に重大な影響を及ぼした。豪州は米国を太平洋につなぎ止めるため、ベトナム戦争に参戦するとともに、米国の核戦略において重要な役割を果たす施設の受け入れを相次いで決定する。ここでは、米軍が使用する豪州内の施設のうち、冷戦期に最も重要な役割を果たした3つの施設を紹介する（図9－1）。

## 2　ノースウエスト・ケープ

1962年5月、保守系の自由党メンジーズ（Robert Menzies）政権は、米国からの要請にもとづき、インド洋・西太平洋に展開する海軍艦艇との通信所を西海岸の岬ノースウエスト・ケープに建設すると議会で表明した。その際、同政権は、施設が同盟の軍事力強化に寄与することに加え、施設の整備・運営費は全額米国が負担することや、雇用・物資調達を通じた経済効果が豪州にもたらされることも利点として強調した。

ノースウエスト・ケープの海軍通信所は1967年に完成する。冷戦期には400人弱の米軍が駐留していた。通信で使用する電波は遠方まで届き海中でも受信可能な超長波（VLF）で、核兵器を搭載する戦略原潜との通信が第一の役割であった。加えて1970年代からは、衛星を用いた一般的な通信も行われるようになった。

当初、施設の管理権は米国側にあったが、施設に関する米豪間の随時協議や豪州による施設利用が米豪間の施設使用協定で認められていた。後述するように、1974年には豪政府の要請にもとづき米豪共同施設へと転換された。さらに、長射程のSLBMトライデントの配備に伴い米国の戦略原潜が太平洋に展開しなくなると、米国にとっての施設の重要性は低下し、メインユーザーは豪海軍となった。こうした背景から米豪は、1999年以降は豪軍施設としたうえで米軍にアクセスを認めるとの合意を1992年に結んだ。

### 3　パインギャップ

1966年12月、自由党のホルト（Harold Holt）政権は、豪州の中央に位置するアリス・スプリングスの近郊に「米豪共同防衛宇宙研究施設」を設置することで米国と合意したと発表した。この施設はパインギャップと呼ばれるが、正式名称が示しているように、当初から米豪の共同管理施設とされていた（以下、「米軍施設」と言う場合は共同施設も含む）。豪政府は、パインギャップには発電設備、電子機器を備えた空調付き実験室、レドーム（レーダーを保護する大型ドーム）2基などを設置し、さまざまな研究を行うと説明したが、研究の内容は明らかにされなかった。現在では人里離れた場所に大型のレドームが多数設置されており（図9－2）、周囲は立入禁止区域に指定されている。この「秘密基地」は、豪州内で各種の憶測や批判を巻き起こした。

**図9-2　パインギャップのレドーム**

出所：Wikimedia Commons（© Mark Marathon, CC BY-SA 3.0, 2013年9月撮影）。

パインギャップで行われているのは、各種の信号を傍受するシギント衛星の運用である。主に傍受しているのは、実験等で発射された弾道ミサイルが位置情報などを地上に送るために発するテレメトリー、大型レーダー（ミサイル防衛・防空用レーダー、艦艇搭載レーダー等）の発する信号、地上から通信衛星に向けて送信される信号、長距離電話を含む地表のマイクロ波放射で、傍受範囲は東半球全域に及ぶ。米国側で施設を運営するのは中央情報局（ＣＩＡ）や国家安全保障局（ＮＳＡ）で、軍事施設ではあるものの要員は全員文民である。エシュロンの名で有名となったＮＳＡによる世界規模の通信傍受でも、パインギャップが使用されていると言われる。

パインギャップは米豪同盟の中核に位置づけられており、その重要性は冷戦終結後も失われていない。むしろ、弾道ミサイルの拡散や通信技術の発達を背景として、シギントの重要性は米豪にとって高まっている。事実、１９７０年代に約４００人だった施設要員は、２０００年には約９００人へと増大している（うち約半数は豪州人）。

なお、アリス・スプリングスには、地震波で核爆発を探知するための米軍施設が１９５５年から存在していた。これについても豪政府は「地球物理学」の研究施設と説明するのみで、１９７３年まで核爆発探知の役割を公表しなかった（後述）。また、当初は米軍の管理施設であったが１９７８年に米豪共同施設となった。

## 4　ナランガー

１９６９年4月には、南オーストラリア州ウーメラ近郊のナランガーに「米豪共同防衛宇宙通信所」と称する米豪共同施設を設置することが自由党のゴートン（John Gorton）政権により発表された。ウーメラも住民がほとんどいない地域で、周辺には北朝鮮の面積にほぼ匹敵する広さの兵器試験場も存在する。当初、豪政府は施設の詳細を公表しなかったが、後に早期警戒衛星（弾道ミサイルの発射を赤外線で探知する衛星）の地上局であることが明らかにされた（後述）。国防支援計画（DSP）衛星と呼ばれる新型の早期警戒衛星が最初に打ち上げられたのが1970年末で、それに合わせてナランガーでの活動も開始された。米軍の要員は約200人で、ソ連によるICBM発射の探知が主な役割であったが、冷戦後にはロシア以外の国による短・中距離ミサイルの発射探知の重要性が増した。湾岸戦争では、イラクが発射するスカッド・ミサイルの探知にナランガーが用いられたと言われる。

1990年代後半に米軍の早期警戒衛星がDSPから宇宙配備赤外線システム（SBIRS）へと世代交代すると、豪州内でのデータ処理が不要となり、米本土にデータを中継する小規模な施設を豪州に設置するだけで十分となった。そのため、ナランガーは1999年に閉鎖され、パインギャップに4人程度で運用可能な中継地上局が新設された。この際、米豪は、衛星が収集したデータを豪州が入手し、自国防衛のために活用することに合意している。

## 2　基地問題と国内政策

### 1　米軍施設に対する世論の動向

上記のように豪州に常駐する米軍は少人数の非戦闘部隊であり、その活動も施設内にとどまる。

冷戦期でも在豪米軍の人数は700人程度にすぎず、冷戦が終結すると200人を切ることさえあった。戦闘部隊が一時的に豪州に展開することもあるが、期間も規模も限定的である。そもそも豪州の人口密度は非常に低いため（面積は日本の約20倍、人口は1980年で約1500万人、2020年でも約2500万人）、演習場には事欠かない。

このため豪州では、騒音、環境汚染、犯罪といった基地問題が多発することはない。反米軍基地運動は豪州にも存在するが、その規模は決して大きくない。豪州のローウィ研究所が実施した世論調査では、米軍が豪州内に基地を置くことに賛成との回答が2011年は55％、2013年は61％で、反対はそれぞれ43％と34％であった。反対が少ないとは言えないが、米豪同盟が重要との回答が両年とも82％であることや、基地問題を実感する機会がほぼないことを考慮すると、反対が積極的な反米軍基地運動に発展する可能性は低いであろう。一方でこの数字は、外国の軍隊が国内に駐留することに対する漠然とした違和感が豪州内に存在することを示しているとも解釈できよう。

事実、豪州内で米軍施設について論点となったのは、それが豪州の主権を侵害するか否かであった。日韓やドイツなどと異なり、豪州は直接的な軍事的脅威にさらされておらず、また、情報収集や通信を主任務とする在豪米軍は豪州防衛のための部隊とは言い難かった。そのため、もし米軍が豪州の主権を侵害するのであれば、その存在を正当化することは非常に困難で、野党や国民からの批判も避けられなかった。これに加え、特に冷戦期には、米国の核戦略の一翼を担うことの是非や、豪州の施設がソ連による核攻撃の標的となる危険性も議論された。特に世界的に反核運動が盛り上がった1980年代には、抗議運動がパインギャップで行われ、数百人の逮捕者が出ることもあった。このような反米軍基地の運動や感情が沈静化した主な要因としては、米軍施設の存在に否定的であった労働党が政権の座に就くと、その姿勢を転換したこと、またその過程で施設管理権の豪州への移管や「完全な知識と同意」原則の適用など豪州の主権を確保する措置がとられたこと、施設の役割と豪州にとっての利益を政府が国民に説明するようになったことが挙げられる。

最後の国民への説明は、豪州のような民主主義国においてはきわめて重要である。しかし、在豪米軍の活動はインテリジェンスに関わるため、豪政府は民主的なアカウンタビリティ（説明責任）と軍事機密の相克に悩まされた。また、国民への説明には政治的な考慮も作用しており、たとえば政府は、豪州内に「米軍基地」は存在しないと主張したり、核軍備管理・軍縮に対する施設の貢献を過度に強調したりした。とはいえ、米軍施設の透明性を高めて国民の理解を得るという政府の方針は、一定の成果を上げたと言いうるであろう。

## 2　米軍施設に対する労働党の姿勢の変化

豪州では1949年から72年まで、自由党を中核とする保守連立政権が続いていた。主要な米軍施設の受け入れは、この間に決定されている。一方、リベラル系の野党・労働党は、核兵器関連の施設の受け入れには否定的であった。ノースウエスト・ケープの建設が発表された際も、労働党は、米国が核攻撃のために使用するのではないかと政府を追及した。これに対してメンジーズ首相は、戦略原潜との通信も行われるが、施設に兵器やレーダーは配備されないため「軍事基地ではない」と応じた。パインギャップとナランガーについては、メディアでおおよその機能と（ノースウエスト・ケープも含め）ソ連による核攻撃の目標となる危険性が報じられていた。ゴートン首相は１９６９年５月に、施設が核攻撃の目標になる可能性は否定できないものの総じて言えば豪州の安全と独立に貢献すると議会で述べたが、施設の役割を秘密にしている以上、説得力に欠けていた。

１９７２年12月に労働党が政権の座に就くと、米軍施設に対する姿勢が問われることとなる。労働党も米国との同盟自体には賛成しており、核戦略で重要な役割を担う施設の撤去を米国に要求することは難しかった。一方で、党内には反核・反米軍基地派も存在するため、自由党政権の方針を単純に踏襲するわけにもいかなかった。そのため労働党政権は、米軍施設に関する情報を可能な限り公表するとともに、施設運営に関する豪州の発言権を確保することで、米軍施設の存在を正当化しようとした。

この点で重要なのが、１９７３年２月に労働党ホイットラム（Edward Gough Whitlam）政権のバーナード（Lance Barnard）副首相兼国防相が議会で発表した閣僚声明である。バーナードは、まず米軍施設につきまとう秘密が不要な憶測を呼んでいると述べたうえで、アリス・スプリングスの地震波観測施設の目的の１つは核実験の探知であると公表し、核軍縮の監視機関が豪州内に存在することは喜ばしいことだと主張した。また、野党時代はパインギャップとナランガーに関する説明を受けていなかったため、その是非を判断できなかったが、次の４点を確保したうえで存続を容認するとした。それらは、活動内容を把握するために豪側が施設にアクセスできること、米豪が共同で施設を管理し運営に豪州人も参加すること、米政府が利用できるデータはすべて豪政府も利用できること、豪州も施設を利用できることである。バーナードも両施設の役割は明らかにしなかったが、今後は野党にも情報を提供すると約束した。また、米国のみが管理権をもつノースウエスト・ケープについては、米豪共同施設への転換を米国に提案すると表明した（翌74年に実現）。

その後、ホイットラム首相は1974年10月のインタビューで、在豪米軍の活動について豪州は「完全な知識」を有し、「完全な同意」を与えているため、それが豪州の主権を侵害することはないと発言した。この言葉は、1975年6月に政権に返り咲いた自由党政権にも引き継がれる。1977年6月に自由党のフレーザー（Malcolm Fraser）政権は、ホイットラムの「完全な知識と同意（full knowledge and concurrence）」という言葉を引いたうえで、米豪は施設と研究成果に平等にアクセスできるため豪州の主権が損なわれることはないと改めて表明した。1978年にはアリス・スプリングスの地震波観測施設も米豪共同施設となり、これで米国のみが管理権を有する施設は豪州からなくなった。また、パインギャップでは1980年以降、毎朝開催される傍受対象を決定する委員会の議長を豪州人が務めるようになった。

### 3 「完全な知識と同意」原則の確立

労働党は1983年3月に再び政権を握ると、同盟政策の見直しに着手した。9月にホーク（Bob Hawke）政権が発表した見直し結果は、引き続きANZUSを安全保障の中核に位置づけるというものであった。米豪共同施設については、核戦争抑止への貢献により施設が核攻撃を受けるリスクは正当化される、豪州が核戦争抑止に貢献することは「道徳的義務」であり、その結果、核軍備管理・軍縮の場での豪州の発言権も増大するとの説明がなされた。

さらに84年6月にはホーク首相が、パインギャップとナランガーの役割は重要な軍事的動向の把握であり、それには早期警戒衛星を用いた弾道ミサイルの発射探知も含まれると議会で公表した。また、共同施設が「完全な知識と同意」の原則にもとづき運営されることも再確認された。ただし、これ以上の情報公開は米豪の国益を損ねるため不可能とされたうえ、戦闘部隊や兵器の研究・開発・製造施設が存在しないため「施設は軍事基地ではない」とのやや疑わしい説明も含まれていた。また、これらの説明が「軍備管理と軍縮」に関する閣僚声明の形でなされたことが示しているように、共同施設はもっぱら労働党が重視する核軍備管理・軍縮の観点から正当化され、通信傍受等の活動については明らかに触れることを避けていた。

この首相声明の後、ＡＮＺＵＳは大きな転換点を迎える。核兵器を搭載した米軍艦艇の寄港をＮＺが拒んだことに端を発するＡＮＺＵＳ危機が発生したのである。この結果、米国は１９８６年８月にＮＺに対する防衛義務の履行停止を発表し、ＡＮＺＵＳは事実上、米豪の二国間同盟となった。この危機の過程で米豪間では、外相・国防相による米豪閣僚協議（ＡＵＳＭＩＮ）が１９８５年に開始された。これを背景として、ホーク政権は、共同訓練の実施や米国製兵器の取得を通じた防衛能力の強化といった面からも米豪同盟を積極的に評価するようになる。さらに１９８８年には、ホーク首相が議会で、パインギャップに副施設長、ナランガーに副司令官のポストを設けて豪州人を充てると発表したうえで、パインギャップは「米豪両国の国家安全保障を支援するインテリジェンス・データを収集する機能をもつ衛星地上局」であり、ナランガーはＤＳＰ衛星の地上局であると以前よりも具体的な説明を行った。もっとも、軍備管理・軍縮への両施設の貢献を特に強調するとの姿勢に変化はなかった。また、これと合わせて、米豪間では、両施設の名称から「宇宙研究」、「宇宙通信」との実態を覆い隠すかのような文言を削除し、単に「共同防衛施設」とすることが合意された。

以上のような経緯を経て、豪州では米豪共同施設の受け入れに関するコンセンサスが概ね形成された（ただし、現在でも緑の党などの最左派は受け入れに反対している）。豪政府は、「施設の役割と機能に関する声明を定期的に公表することは公共の利益となる」との立場から、「完全な知識と同意」原則に関する閣僚声明を2007年9月、2013年6月、2019年2月にも議会で発表している。そこでは、この原則は「主権を表現したもの」であり、共同施設は「米軍基地」ではないとされている。また、米国と新たな合意を結ぶ際には「完全な知識と同意」原則を適用することが通常の手続きになったと政府は述べているが、後述する施設使用協定にもこの原則が明記されている。

1999年のナランガー閉鎖とノースウエスト・ケープの豪軍施設への移行を経て、現在では米豪共同施設はパインギャップとアリス・スプリングスのみとなった。このほかにも米軍は、ノースウエスト・ケープ等の通信・情報収集・宇宙観測施設へのアクセスが認められている。パインギャップについては、依然として軍事機密の壁が高い。たとえば、1998年にパインギャップの使用協定が延長された際には、自由党のハワード（John Howard）政権は協定を審議する議員の視察を認めず、機密情報の提供も行わなかった。

## 4　フォース・ポスチャー・イニシアチブ

２０００年代以降は、米軍の一時的な豪州展開や共同訓練の拡大など、より実践的なレベルでの協力が進展している。その象徴が、２０１１年11月の米豪首脳会談で合意されたフォース・ポスチャー・イニシアチブ（ＦＰＩ）である。ＦＰＩで行われているのは、米海兵隊のダーウィンへのローテーション展開と、米空軍機のダーウィンへの展開の拡大である（空軍機のダーウィン展開は以前から行われていた）。双方とも常駐ではなく、海兵隊の場合は春から秋にかけて約６か月間展開し、米豪共同訓練等を行う。

海兵隊の展開は２０１２年にまず約２５０人で開始され、２０１９年に目標の２５００人に達した。海兵隊が使用する施設は、ロバートソン・バラックス（陸軍基地）、ダーウィン空軍基地、ティンダル空軍基地、これらの近郊にある複数の訓練場である。２０１７年には、両空軍基地への米空軍機の展開拡大も開始された。豪国防省による委託調査の一環として２０１８年に行われたダーウィン住民の世論調査では、ＦＰＩ支持が51％、不支持が６％であった。また、米軍の展開により犯罪等の安全上の問題が生じているとの回答は16％、生じていないとの回答は79％、騒音が増えたとの回答は32％、増えていないとの回答は64％となった。反基地運動家による抗議運動も行われているものの、大半の住民は米軍展開に反対していないと言える。

ダーウィンへの展開を拡大するためには、兵舎や駐機場、航空機整備施設等を新たに整備する必要があった。豪政府は、施設整備や米軍の活動に必要な物資・サービスの調達が地元にもたらす経済効果も強調した。前述の住民世論調査では、米軍の展開が地域経済に貢献しているとの回答は

77%、していないとの回答は14%であり、地元紙も安全保障だけでなく経済効果の観点からも米軍を歓迎するとの社説を複数回掲載している。豪政府は施設整備に要する費用を約20億豪ドル（1豪ドル85円換算で約1700億円）と見積もっており、2016年には費用をほぼ折半する合意が米豪間で成立した。

## 3　地位協定

在豪米軍の地位協定は、ノースウエスト・ケープの受け入れ表明から1年後の1963年5月に発効した。以下では、日米地位協定と比較しつつ、特筆事項のみ紹介する。

まず、日本で問題になることの多い刑事裁判権と民事請求権に関する米豪協定の規定は、日米協定とほぼ同内容である。たとえば、米豪の刑事裁判権が競合する場合、米国の財産・安全に対する犯罪と公務中に行われた犯罪については米国が一次裁判権を有し、その他の犯罪は豪州が一次裁判権を有する。豪州への容疑者の身柄引き渡しは起訴後といった規定も、日米協定と同様である（刑事裁判権については豪側の権利を拡大すべきとの批判が豪州内にも存在する）。

一方、米豪協定に豪州法の遵守義務が明記されていることは、日米協定との重要な相違である。また、施設に米国の国旗を掲揚する場合には、並んで豪州の国旗も掲揚しなければならないとの規定も存在する。両国の合意にもとづき米国が施設を排他的に使用でき、その範囲内で警察権を行使できるとの規定もあるが、施設の提供・管理・返還に直接関わる規定はこれのみである。米軍に特定の施設の使用を恒常的に認める際には、別途、基地使用協定を締結することが多い。

たとえば、当初のノースウエスト・ケープ使用協定は、米国に施設の排他的使用権と占有権を付与したうえで、施設に関する協議を随時行うこと、豪政府の明示的合意がない限り通信以外の目的に使用しないこと、豪側も施設にいつでもアクセスできることを定めていた。また、経費分担についても、通信所の設置・維持・運営費は原則米国が負担し、豪側が施設を使用した場合は使用料を米側に支払うとされていた。ノースウエスト・ケープは１９７４年に米豪共同施設、１９９９年に豪州施設となったが、それらは使用協定の改正により実現した。さらに２００８年には、米国に施設利用を原則25年間認める新協定が署名されたが、この協定には「米国による通信所の使用は、豪政府の『完全な知識と同意』政策に従わなければならない」と明記されている。

パインギャップとナランガーについても、使用協定がそれぞれ１９６６年12月と１９６９年11月に締結された。前述したように豪政府は施設名や施設の目的を曖昧にしていたが、それは協定でも同様であった。一方で、両協定とも、施設の活動により取得した情報は米豪両国が共有すると定めている。１９８８年の施設名変更も、協定改正により行われた。また、この際、ナランガーについては、協定に記された施設の目的も以前の「防衛活動の支援」から「弾道ミサイルの早期警戒」などへと修正し明確化を図った。ただし、パインギャップの目的に関する条文は「宇宙領域における一般的な防衛研究」が「インテリジェンス」に変わっただけで、依然として曖昧である。

２０１４年８月には、米軍のダーウィン展開を対象とするフォース・ポスチャー協定（ＦＰＡ）が署名された。ＦＰＡも、米軍の施設利用や活動内容、経費分担などについて定めている。特徴的なのは、自然環境と人間の健康・安全の保護を明記し、環境保護については予防的アプローチ（因果関係が証明されていなくても悪影響のおそれがある場合は規制措置をとるアプローチ）を採用するとされていることである。また、ＦＰＡにも、協定にもとづく活動は豪州の「完全な知識と同意」政策に従って実施されると明記された。

## 4　沖縄への含意

以上のように、豪州は主権を確保するため、米軍のみに施設の管理権を与えないことを重視してきた。この点は、多数の米軍専用施設が存在する日本と大きく異なる。日本が施設の運営と施設で行われる活動に関与し、一定の決定権を行使することができれば、米軍基地に由来する問題は少なからず緩和・解消されるであろう。事実、日本でも以前から、米軍に排他的管理権を与えるべきではないとの主張が根強く存在する。それではなぜ、豪州に可能だったことが日本では実現していないのか。そこに日本の対米追従の姿勢を見出す者もいるであろうし、それが一面の真実かもしれない。ただし、在日米軍と在豪米軍は任務や性格が著しく異なる点にも注意すべきである。

インテリジェンス部隊が中心の在豪米軍の活動は、基本的に施設の中で完結する。訓練のため施設外に出る必要もないし、有事が起きても戦場に出撃することはない。仮に豪州周辺で緊急事態が発生すればダーウィンに展開する海兵隊が急行するかもしれないが、そうした事態が発生する可能性はさほど高くない。インテリジェンス活動についても、第二次世界大戦以来の長年にわたる協力関係がある。だからこそ、米国は豪州側の管理権を容認することができるのである。

また、在豪米軍は小規模で、多くの施設は居住地域から離れており、かつ、施設外での活動も限られているため、必然的に事故や犯罪の件数も少なくなり、刑事裁判権などが問題になることも稀となる。ローテーション展開部隊が訓練を行うにしても、国土が広大なため住民への影響はある程度回避できる。さらに米豪は言語や文化が似通っているため、米兵がコミュニティに溶け込むことも比較的容易である。これらの条件は文字どおりすべて、日米間には存在しない。要するに、主権の確保という目標を実現するためのハードルは、豪州よりも日本のほうがはるかに高いのである。

## 参考文献


Commonwealth of Australia, *Parliamentary Debates*（*Official Hansard*）.

Thomas B. Millar, "Australia and the American Alliance," *Pacific Affairs*, Vol.37, No.2, Summer 1964, pp.148-160.

Desmond Ball, "The Strategic Essence," *Australian Journal of International Affairs*, Vol.55, No.2, 2001, pp.235-248.

Desmond Ball et al., *The SIGINT Satellites of Pine Gap: Conception, Development and in Orbit*, Nautilus Institute for Security and Sustainability, October 2015.

Iain D. Henry, "Adapt or Atrophy?: The Australia-U.S. Alliance in an Age of Power Transition," *Contemporary Politics*, Vol.26, No.4, 2020, pp.402-419.

# 第10章　フィリピン

大木　優利

**要点**

- 1991年に米比軍事基地協定（MBA）は失効し、92年に米軍はフィリピンから完全撤退した。その後、訪問軍地位協定（VFA）等を締結するが、米軍を恒久的に展開する意図はないと表明している。
- 現在、米比同盟の法的基盤は1951年に締結した米比相互防衛条約（MDT）である。
- スービック米軍基地跡地の一部は経済特区（自由貿易港）として地域雇用を創出している。

## 1　基地の歴史／米国との関係

フィリピンは１９４６年７月４日に米国から独立した。スペイン、米国、そして日本によるフィリピン占領下のスービック湾は海軍基地などの軍事目的に利用されていたことから、米国は当時存在していた米軍基地を99年間使用できる権利継続を独立の条件に挙げた。日本の再軍事化を懸念し、米国からの安全保障支援を期待していたフィリピンも米軍の基地使用継続に同意し、米比軍事基地協定（ＭＢＡ）が１９４７年に締結された。

１９５０年から１９６０年代半ばには朝鮮戦争とベトナム戦争が開戦したことにより、基地整備等の軍事と通商経済の両面から、米国はフィリピンへの援助を増強した。１９７９年の基地協定改定では、フィリピンの主権原則を米国と確認し、フィリピン国旗の掲揚、5年ごとの協定見直しが合意された。独裁者として知られたフェルディナンド・マルコス（Ferdinand Edralin Marcos）は米国との交渉において強い態度で臨み、１９８０年代の基地交渉では米国から軍事経済援助の増額を得た（中野 2007）。１９８６年には市民革命「ピープルパワー」が起き、民主化を公約に掲げたコラソン・アキノ（Maria Corazon Aquino）大統領が就任した。度重なる国軍の反乱事件によって社会の混乱が続いたため、米国政府はアキノ政権支持を表明し、対反乱作戦に関与した。当時のフィリピンでは反基地感情が高まっており、その背景には、米軍兵士による犯罪の裁判権行使の問題や、旧宗主国軍隊の駐留がフィリピンの主権を傷つけているとの主張が一定の支持を得ていたことが

**図10-1　クラーク（旧クラーク空軍基地）とスービック（旧スービック海軍基地）**

出所：筆者作成。

あった。他方で、基地使用による米国からの見返り援助と、その二次的・三次的な経済効果から、世論は割れていた（伊藤 2007）。

基地協定見直し（1966年）により、MBAは1991年に失効の期限を迎えていたが、世論には基地存続を求める声が強まっていた。その世論を支えたのは、基地で働くフィリピン人の雇用、地域経済への波及効果、基地周辺の市長らによる基地存続の訴え、また、商工会議所や経済界からは重要輸出先である米国との貿易摩擦が指摘された。1990年11月には基地存続を米国政府と大筋合意していたアキノ政権だったが、1991年6月にピナトゥボ火山噴火によりクラーク空軍基地は壊滅的な被害を受け、スービック海軍基地も少なからず被害を受けた。噴火から2か月後、基地協定の失効直前に米比両政府はクラーク基地返還に同意し、スービック基地の米軍使用延長（10年）を規定した米比友好協力安保条約に調印した。

1987年に制定された新憲法では、基地協定失効後（1991年）に基地や軍施設を米軍が使用する場合、議会上院で新たな条約の承認を得ることが規定されていた。そのため、新条約である「米比友好協力安保条約」批准の最終判断は上院に委ねられた。投票の結果、ホヴィート・サロンガ（Jovito Salonga）上院議長を筆頭に12名が批准を拒否した。反対票を投じたサロンガは、米軍基地がフィリピンの主権を侵害しており、また、米国政府がマルコスに援助を与え続けた背景に米軍基地があると指摘した。新条約否決を受けてアキノ政権は国民投票により上院の判断を覆すことを試みたが、新憲法では、国民投票の実施も上院の決定に従うとの規定があるために、上院は国民投票の実施をも否決した。否決された結果、1992年11月に米軍はフィリピンから完全撤退した。米軍基地として使用されていた土地はフィリピンに返還され、現在はフィリピン国軍が使用、その一部は経済特区として再開発地域となっている（図10－1）。

## 2　基地問題と国内政策

米国は基地使用の見返りとして「援助」をフィリピンに提供してきた。そこでは軍事、経済振興、社会開発、農地改革プログラム等を通じて国民が利益を享受する仕組みが構築されていたが、援助に関する汚職や不正にまつわるニュースがメディアで報じられ、とりわけマルコス政権下では援助の多くが着服されているとされた。

### 1　基地「使用料」と軍事経済援助

１９４７年に締結した米比軍事基地協定（ＭＢＡ）には、米比両国が共同防衛のために協力することと、米軍は相互利益のために公有地を無償（free of rent）で使用できると明記されていた。つまり、米国は使用料を支払う義務はないが、基地使用料に代わるものとして軍事経済援助（援助）、あるいは補償の名目で基地使用の見返りをフィリピンに提供していた。米国政府にとって支払う対価は「借地料（rent)」に該当しない。しかし、マルコス政権は「軍事援助」と「借地料」を同義とみなした。アキノ政権下で外務大臣を務めたラウル・マングラプス（Raul Manglapus）は１９８８年に行われたＭＢＡ見直し協議の際、米軍が基地を使用するのであれば「使用料」を納めるべきと主張した。一方、米国はマルコス、アキノ両政権下で「借地料」の議論がなされると、基地の存在は双方にとっての利益であると反論し、それには応じなかった（Shalom 1990)。

とはいえ、基地使用の対価としての軍事経済援助は、ＭＢＡ見直しのたびに繰り返された交渉材料であった。ＭＢＡには援助額の規定がなかったため、見直し協議のたびに交渉が行われた。たとえば、１９７９年からの5年間は5億ドル、１９８５年以降5年間は増額されて9億ドル、１９９１年のＭＢＡ期限を迎えるまでの2年間は年額4億８１００万ドルまでに達した（Berry 1989）。見返りには軍事援助以外にも、教育、農業、健康などの地域政策、そして学校建設、地方インフラ整備など、米開発局（現在は米開発庁）による開発プロジェクト等の経済援助があった。米国は経済社会分野への援助を通じて民主主義を定着させ、また、基地周辺の経済活動の安定化を図ることで海外投資環境が整うと主張した。米国からみると、軍事経済援助はフィリピンの国家基盤を整備し、社会経済の発展をもたらすためのものであった。

## 2　社会経済の安定化に使われた軍事経済援助

１９７２年9月、マルコスは戒厳令（布告１０８１号）を発令した。同年前半に共産党軍事組織である新人民軍（ＮＰＡ）による爆破事件が頻発したためである。一連の爆破事件が共産党による計画・指令にもとづくことの証拠として、共産党中央委員会が起草したタリンシン文書の一部が公開された。そこには１９７２年7～8月に地域的な混沌と無秩序を作り出すことを目的に、軍キャンプ、米軍基地と基地の町が攻撃対象に挙げられていた。9～10月には米大使館と米軍基地施設を攻撃し、暴力、無秩序、混乱を助長せよとの指令が文書には明記され、また、各地域において農村基地建設がＮＰＡ活動の基本方針に据えられていた。戒厳令を契機に、ＮＰＡが武力によって農業革命を画策し、国家の安全保障を脅かす存在であることが広く国民に知れ渡るようになった。

１９７７年、米国際開発局（ＡＩＤ／ＵＳＡＩＤ）の委託によりランド研究所が実施した米比合同有識者セミナーの報告書によると、戒厳令が発令された１９７２年と比較して１９７７年にはＮＰＡの勢力は倍増し、米国の脅威になりうることが指摘され、米国がマルコス政権に援助をすれば、在比米軍基地がゲリラ攻撃の対象となる可能性が指摘された。また、同報告書では、当時、米比間で交渉が行われていた基地協定の改定（１９７９年に締結）を意味あるものにするためには援助を限定的にするか、あるいは土地改革の実行を慎重に検討するか、またはその両方が必要であるとされた（Hickey 1977）。

ＮＰＡが活発化する背景にあったのは農地利権の不平等であった。土地登記せずに地主となった農村支配層（パトロン）と、農民（クライアント）との間の不平等は、フィリピン独立後も固定化されていたため、それに対する反発からＮＰＡは農民からの支持を基盤に武力活動を展開していた。前述の米比合同セミナーの有識者は、地主と農民の間の格差問題を危惧し、基地の見返りである「援助」を広義に捉え、軍事用途のみならず土地改革を支援することにより社会経済が安定し、米軍基地とフィリピン双方の安全保障が保たれると結論づけたのである。

## ３　経済特区への道

直接的な経済軍事援助は米国による見返りの一部にすぎない。たとえば、間接的なものとしては、基地に雇用されたフィリピン人の数は１９８７年の時点で６万８０００人にのぼり、また賃金総額は年に9600万ドルと試算され、経済効果等はフィリピンにとって無視できなかった（Berry 1990)。これらをふまえて、基地返還後の土地がどのように活用されたのかをみてみよう。

1947年の基地協定には在比米軍基地のリストが記載されており、そこにはスービック基地の一部としてオロンガポ市が含まれている。1959年の基地協定改定によってオロンガポ市の施政権がフィリピンに返還されるに伴い、失業問題が発生した。その対策として大統領直轄のタスクフォースが組織され、1992年3月には基地転換開発法が施行、特区を管理する組織としてスービック湾都市開発庁（SBMA）が創設された。特区は米軍が占領していたスービック湾自由貿易港と呼ばれる1万5000haに限られ、工業団地やマリーナ整備、コンテナターミナル、海外企業の誘致等長期的な開発方針・計画が策定され、各種開発プロジェクトが進んだ。1995年には空港が整備され、1996年にはアジア太平洋経済協力会議（APEC）が開催されている。

## 3　地位協定

在比米軍基地における地位協定について、法的根拠として重要なのは1947年の米比軍事基地協定（MBA）と1951年の米比相互防衛条約（MDT)、そして1998年の訪問軍地位協定（VFA）である。

### 1　米比軍事基地協定（MBA）

米比軍事基地協定（ＭＢＡ）には、基地使用（第1条）、両国の軍が相互協力に同意したうえで在比軍事基地内や比軍基地内の相互使用を可能にすること（第2条）、関税や税の免除（第5条、第12条）、米国政府の専属的裁判権（第13条）、そして99年間の基地貸与（第29条）等が明記されていた。既述のようにＭＢＡは締結から失効までの間に何度も見直されたが、基地存続を左右したのは1966年のラモス・ラスク協定だった。そこでは基地使用期限が99年間から25年間に短縮され、ＭＢＡの期限が1991年と設定された。1991年、ＭＢＡは失効し、それに代わる米比友好協力安保条約の批准可否が上院で否決され、現在に至る。

## 2　米比相互防衛条約（ＭＤＴ）

1951年、サンフランシスコ講和条約が締結される約1週間前に米比相互防衛条約（ＭＤＴ）が締結された。ＭＤＴに先立ち締結されたＭＢＡは基地使用に関する事項に限定された協定だった。そのため、仮にフィリピンが攻撃を受けた場合でも、米国による防衛義務は発生しなかった。一方で米国は在比米軍基地の存在によって外部からの攻撃を抑止できると考えていたため、当初より相互防衛を謳ったＭＤＴの締結には消極的であった。しかし、米国は日本を安全保障上の脅威とみていたフィリピン、豪州、ニュージーランドの3か国よりサンフランシスコ講和条約の支持を得る必要があった。

ＭＤＴでは米比いずれかへの武力攻撃があった場合は両国の平和と安全が脅かされていると認識し共通の脅威に対し行動すること（第4条）、条約の効力は無期限とするが、いずれかの締約国による通知後、1年を経て終了することができること（第8条）等が明記された。MDTには在比米軍基地の運営についての条項は含まれていないことから、1991年にMBAが失効するまではMBAとMDTは一体として認識されていた。MBA失効以降、米比同盟の根拠はMDTのみとなったが、1995年に中国が南シナ海の環礁を占拠すると、今度は訪問米軍の地位的根拠の問題が持ち上がった。

### 3　訪問軍地位協定（VFA）

MBA失効後の1992年に米軍が完全撤退すると、中国による南シナ海での活動が本格化した。1995年、中国はフィリピンの排他的経済水域（EEZ）内のスプラトリー諸島ミスチーフ環礁を占拠して建造物を設置し、フィリピン海域の安全保障を脅かした。これを受けてフィリピンは米国との同盟関係を強化する方向に転換した。1987年制定の新憲法では外国軍の受け入れが禁止されていたため、1998年には米兵の入国・駐留、船舶および航空機の受け入れ等の規定を含めた訪問軍地位協定（VFA）が締結された。

VFAでは1951年のMDTが規定する義務を再確認したうえで、太平洋地域における国際ならびに地域的な安全保障の強化が謳われ、両国共通の安全保障を担保するために米軍によるフィリピンへの訪問と、米軍人および米民間人の地位が定められた。計9つの条項のうち、特に注目すべきは第5条の「司法管轄権」である。フィリピン政府によって承認された活動に従事する米軍の構成員と合衆国の民間人が犯したあらゆる罪に対し、フィリピンは第一次裁判権を有すると規定されているものの、米軍の構成員による犯罪は、その遂行時に公務中あるいは米軍司令官による公式公務証書の発行を受けている限り刑事訴訟から保護される。また、フィリピンと米国が同時に管轄権の行使権利をもつ場合、公務内における犯罪は米国が主にその権利を有するが、公務外の犯罪についてはフィリピンが有するとしながらも、米軍構成員と合衆国民間人の監護権は司法手続きの完了まで米国当局に留まるとしている。

２００１年の米国同時多発テロ以降、フィリピンは対テロ戦争への支持を表明、スービックとクラーク基地へのアクセス権を与えた。２００２年に米比合同軍事演習を実施して以来、ＶＦＡは米軍との軍事演習の法的根拠として重要な役割を果たしている。中国による南シナ海での活動が一層進み、米国政府がアジア回帰を表明すると、米比両軍の相互運用性の向上を目的とした防衛協力強化協定（ＥＤＣＡ）が２０１４年に締結された。ただし、過去のＭＢＡを教訓に、米軍基地の使用再開、あるいは米軍による恒久的な軍事的プレゼンスではないことが強調されている（清水 2020）。

## 4　沖縄への含意

### 1　基地の跡地利用

基地の跡地はフィリピンにとって重要な土地資源であり、その多目的な利用は地域の社会経済に恩恵をもたらす可能性を秘めている。現在、スービック経済特区には国際貿易港、工業団地、大学とインターナショナルスクール、遊園地、動物園、免税店、周囲が塀に囲まれた３つのゲーテッドコミュニティなどが整備されており、治安も良く、大気汚染もなく、裕福なフィリピン人と外国人が住む街として発展している。

フィリピンでは米軍基地跡地をブランド化したうえで、国内外の社会経済活動の呼び水として活用している。スービック経済特区では、米軍が使用していた建物を再利用している場合が多く、それら建物（ハードインフラ）の時価総額は80億ドルにものぼる。旧弾薬庫が動物園のアトラクション施設として活用されたり、装備や物資などを攻撃から守るための掩体壕（えんたいごう）が当時の姿形でフィリピン人および外国人向けの居住施設に転換され、建物リース契約時にも旧米軍基地施設と記載されるなど、フィリピンではそのブランド力を最大限活用している。

スービック経済特区が発展してきた背景には、フィリピン中央政府ならびに地方政府による強固な支援があった。２００６年、スービック湾首都圏庁、クラーク開発公社、基地転換開発局、そして貿易産業省は覚書を交わし、特区内の規則や規制、包括的なビジネスと投資パッケージに取り組むためのタスクフォースを発足させた。当時のグロリア・マカパガル・アロヨ（Gloria Macapagal Arroyo）大統領は基地跡地を国際競争力のある物流センターへと成長させるためのビジョンを提示するとともに、地域開発計画策定のため大統領顧問室を設置した。２００８年にスービックとクラークを結ぶ高速道路が整備されたことにより、スービックとクラークを含む４州の交通網がつながり、また、オロンガポ市とアンヘレス市を含む13の地方自治体が開発対象となった。経済開発を後押しする大統領令や、実働部隊であるタスクフォースの発足、関税などの税関措置、移民、民営化などの施策が講じられた。

## 2　社会経済的恩恵

特区の成功は雇用の安定に直結する。米軍撤退から7年後の1999年、スービック経済特区における労働者の数は2万人弱であったが、2021年度は14万2177人となり、約20年かけて7倍に増加した。雇用先は製造業（93社）、建設業（237社）、造船あるいは海洋関係のサービス業（112社）である。雇用者の内訳をみてみるとオロンガポ市からは全体の約44％、隣接するザンバレス州からは約18％であり、スービック経済特区で働く全労働者の半数以上は地域住民であることから、特区を囲む地域全体の発展にも貢献している。

COVID－19により貿易への影響が懸念されるなかでもスービック経済特区全体の営業収益、投資、保有資産等の業績は右肩上がりである。スービックでは国際物流空港としての収益のみならず、国際貿易港（貨物ターミナル使用料等を含む）のそれも合わさって海運・空運の相互作用効果が現れている。高速道路の開通によりつながったクラーク国際空港との物流チャネルは、基地跡地を最大限に活用した結果であり、また、マニラへのアクセスも良好であることから、首都を囲む海・空・陸運の有機的な物流・ロジスティクスシステムが完成した。世界経済が減速した2020年度においても建設、ヘルスケア、物流、情報コミュニケーション、レジャー、不動産、石油取引業など、計69の新規あるいは投資拡張プロジェクトを受け入れており、新たに1000人弱の雇用が見込まれている。

しかし、経済特区にはリスクもある。2019年、スービック経済特区で操業していた韓国の造船会社ハンジン社は、フィリピン史上最大の借入額を抱えて破綻した。最盛期（2012年頃）のハンジン造船会社は、大規模外国資本雇用主としてスービック経済特区で一定の勢力を保持し、韓国系住民の増加にも貢献している。また、安定した雇用は地域経済に利益をもたらす一方で、フィリピン人と外国人との間の賃金格差は大きく、新たな社会問題となりつつある。賃金格差を知りつつも、フィリピン人従業員はスービック経済特区内での雇用を選択する。なぜなら、最低賃金や福利厚生などの取り決めが厳密に履行されており、雇用先も多く、安定しているからである。賃金格差の問題はあるにせよ、雇用の安定性かつ社会保障（福利厚生）などを考慮すると、スービック経済特区外で働くよりも好条件であることがわかる。

## 3　沖縄とフィリピンの基地跡地の未来

２０１２年度に沖縄県は「沖縄21世紀ビジョン」を策定した。そこには県民が自らありたい沖縄の将来像が描かれ、沖縄固有の課題として基地の跡地利用が加えられた。過度な基地負担を軽減し、米軍施設の整理・縮小を段階的に進めていくとともに、健全な都市形成、新たな産業の振興、21世紀のまちづくりのモデルとなるような施策を進めていくことが記された。基地跡地にはリゾートコンベンション関連産業、臨港型産業、文化産業など自立型経済の産業促進が計画に含まれている。

**参考文献**

伊藤裕子「冷戦後の米比同盟――基地撤廃、ＶＦＡ、『対テロ戦争』と米比関係」『国際政治』１５０号、２００７年、１６８‐１８５頁。

清水文枝「訪問軍地位協定をめぐる米比関係」『海外事情』11・12月号、２０２０年、１２１－１３２頁。

中野聡『歴史経験としてのアメリカ帝国』岩波書店、２００７年。

Gerald C. Hickey and John L. Wilkinson, "Agrarian Reform in the Philippines," Report of a Seminar, December 16-17, 1977, Rand Corporation, Washington D.C., https://pdf.usaid.gov/pdf_docs/pnaag256.pdf, accessed March 21, 2022.

Stephen R. Shalom, "Securing the U.S.-Philippine Military Bases Agreement of 1947," *Critical Asian Studies*, Vol.22, No.4, 1990, pp.3-12.

Subic Bay Metropolitan Authority, *Subic Workforce Grows to 142,177 in 2021*, January 2022, https://www.mysubicbay.com.ph/news/2022/01/31/subic-workforce-grows-to-142177-in-2021, accessed March 10, 2022.

Victoria Reyes, "Global Borderlands: A Case Study of Subic Bay Freeport Zone, Philippines," *Theory and Society*, Vol.44, July 2015, pp.355-384.

William E. Berry Jr., *U.S. Bases in the Philippines: The Evolution of the Special Relationship*, Westview Press, 1989.

William E. Berry Jr., "The Effects of the U.S. Military Bases on the Philippine Economy," *Contemporary Southeast Asia*, Vol.11, No.4, March 1990, pp.306-333.

# 第11章　山口

辛女林

**要点**

- 近年、岩国基地は新たな米軍機の配置と在日米軍再編の結果、基地機能が強化されている。
- ２００５年からの在日米軍再編計画では基地負担の見直しが重要なテーマとなった。空母艦載機部隊の岩国基地への移駐が決まる過程では、自治体の経済的利益と基地負担のバランスが争点となった。
- 岩国市は経済的利益の増大と、一部の基地負担を「外部化」することで再編計画を受け入れた。

## 1　基地の歴史／米国との関係

米海兵隊岩国航空基地（以下、岩国基地）は旧日本海軍の基地だったが、戦後しばらくは豪州、イギリス、米国などの占領軍が使用した。旧日米安全保障条約をきっかけに1952年から米軍基地となり、1962年に正式に米海兵隊航空基地となった。1957年から現在までは海上自衛隊が共同使用している。冷戦時代には岩国基地から朝鮮戦争やベトナム戦争への支援が行われ、冷戦後も輸送・整備・支援基地として機能している。1989年に攻撃機であるAV－8BハリアーⅡが配置され、2012年には輸送機MV－22（オスプレイ）が展開した。2017年には米国の海外基地としては初めて戦闘機F－35Bが前方配置され、さらに2018年には在日米軍再編計画の一環として、厚木基地所属の空母艦載機部隊が移駐するなど、近年は基地機能の強化がみられる。

岩国基地は周辺住民の生活とも密接に関連していた。1952年から1964年まで岩国基地は民間空港として利用されたが、その後民間機の運航は中止され、市民からは民間空港の再開を求める声が続いた。他方では、騒音被害や経済的制限も生じた。基地周辺には工場や住宅地があり、テレビやラジオの視聴障害、飛行機からの落下物による事故などが相次いだ。飛行機が工場地帯を避けるためには急旋回しなければならず、それによる事故の可能性はもちろん、騒音も深刻だった。そのため米軍側が地元企業に対し、煙突の切断を要請したこともあった。1965年、日本政府と岩国市は基地周辺に新しい建物を建設する際には政府と事前協議および調整するよう覚書を採択し、

**図11-1　岩国基地の滑走路移設**

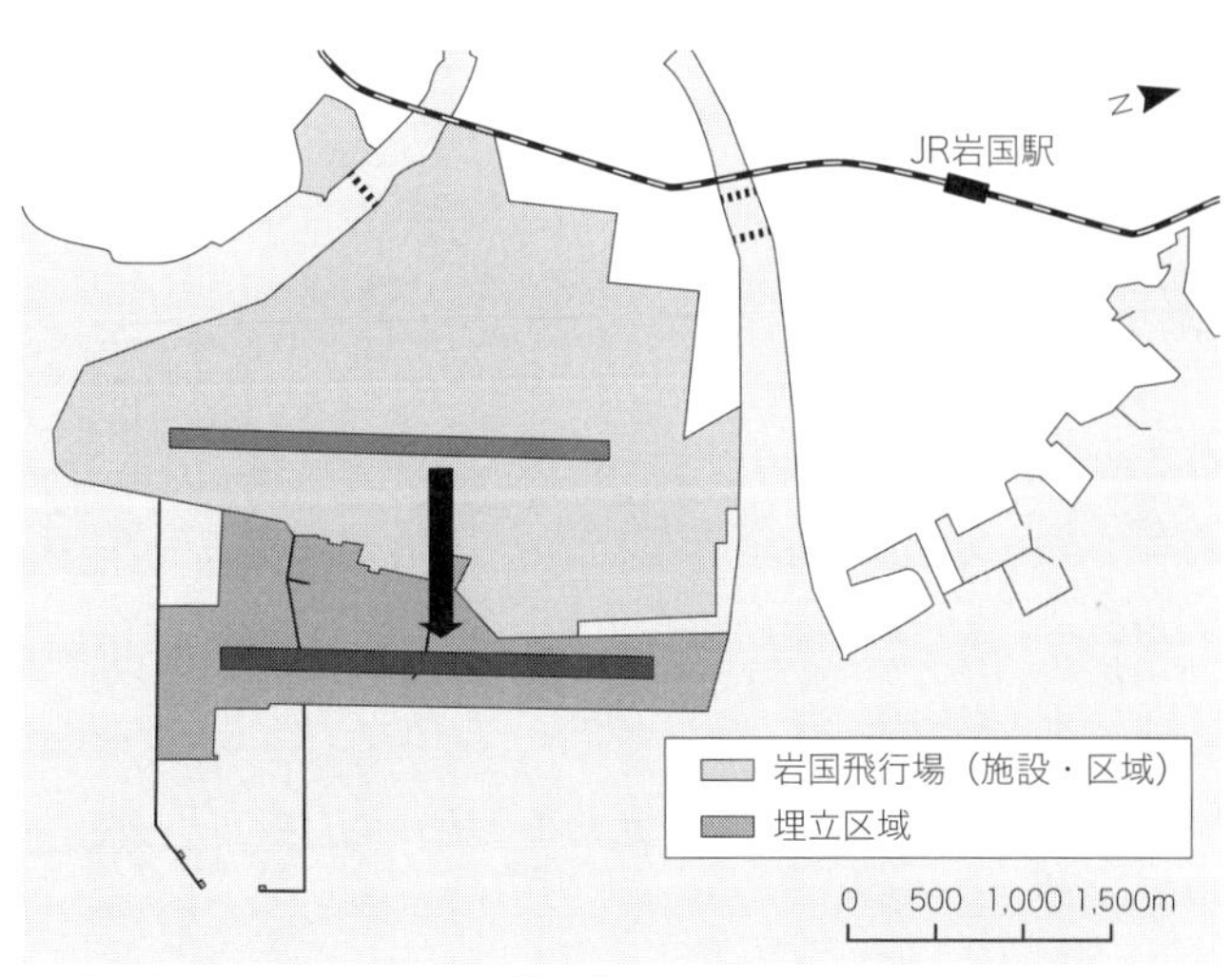


出所：山口県ウェブサイトをもとに筆者作成。

それによって事実上の高さ制限が生じることとなった（岩国基地沖合移設期成同盟会 2011）。

自治体にとっては、基地から派生する不利益と経済的利益を適切に調整することが重要な課題であり、ここには市民のさまざまな政策選好が反映されることになる。岩国基地の滑走路移設もその例である。1968年に米軍の戦闘機が九州大学に墜落した。事故後、岩国基地にも同種の戦闘機が配置されていることから市議会が岩国基地の沖合移設促進を求める決議案を採択した。以降、山口県や岩国市の民間企業や市民からも要請が続き、滑走路の移設は岩国市の重要政策と位置づけられた。騒音と事故の可能性の低減に加え跡地活用なども期待され、1970年代には岩国市と山口県が中心となる行政と、岩国商工会議所を中心とする民間セクターはそれぞれ基地移設を推進する組織を結成した。特に商工会議所は政府や国会議員に対して継続的に移設事業を要請するなど積極的な姿勢をみせた。

海を埋め立て、滑走路を沖合1500mに移設するという岩国市の案は1978年当時、約6000億円の費用が予想され、実現可能性が乏しかった（岩国市 1994）。その後、工事費用や期間に配慮し、1992年には約213haを埋め立て、沖合約1000mに滑走路を移設する案に変更・決定された（**図11－1**）。これに対して一部の市議員や環境団体などは基地の拡大と環境への影響（藻場と干潟、漁業海域の縮小）を理由に反対したが、騒音軽減への期待があり、漁業団体が政府の補償を受け入れることで工事の実施に至った。1996年に工事が開始され、2010年に新たな滑走路の使用が開始された。

## 2　基地問題と国内政策

岩国基地に関連する近年最も重要な政策は、2005年から具体化された在日米軍の再編である。抑止力の維持と基地負担の軽減を目的とした再編計画の中心には沖縄、特に普天間基地の移設の問題があった。全国的にはそれほど注目を集めなかったが、同じく再編計画の一部だった厚木基地の米軍空母艦載機部隊の岩国基地への移駐は接受国内で基地負担の配分がどのように行われるのかを確認できる好例である。

### 1　再編計画の内容と岩国市の反応

計画は、厚木基地に駐留していた空母艦載機57機（２００６年当時）を岩国基地に移駐させることで住宅密集地にある厚木基地周辺の騒音を軽減すること、そして硫黄島に代わる空母艦載機の着陸訓練（Field Carrier Landing Practice：以下、ＦＣＬＰ。夜間訓練であるNight Landing Practice（NLP）を含む）用の恒常施設を用意することが主な目的だった。ＦＣＬＰは**図11－2**のように滑走路を空母の甲板に見立てて離着陸を繰り返す訓練で、１９８２年から約10年間厚木基地で実施されたが、周辺の騒音被害が問題となった。１９９１年からは、厚木基地から約１２００㎞離れた東京都の硫黄島を暫定的な訓練施設として使用している。

**図11-2　FCLP実施のイメージ**

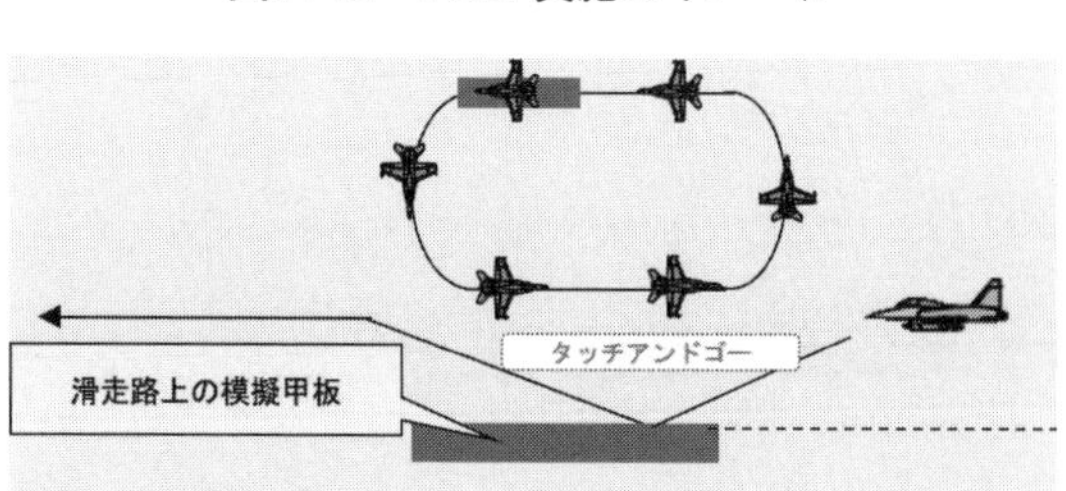


出所：綾瀬市ウェブサイト。

空母艦載機部隊の移駐は基地が拡大するだけでなく、騒音の増加も懸念され、岩国市にとっては基地負担の純増が予想された。そこで、岩国市の井原勝介市長は計画に反対を表明した。当時、計画の具体案が示されていなかったＦＣＬＰの候補地が不透明だったことも反対の理由だった。市長が政府に再編計画の撤回を要請する一方、２００６年以降は市内部から再編政策に協力的な声も上がった。日本政府は２００６年１月に岩国市議会で再編計画について説明し、計画撤回の可能性を否定した。山口４区選出の安倍晋三官房長官は再編計画への協力と地域振興を結びつけるなどして岩国市に協力を促した。市議会のなかでは再編計画に協力しながら経済効果を期待する意見もあり、自治体内部の意見対立が顕在化した。

## 2　基地負担と利益をめぐる対立

従来、日本政府は基地負担を軽減することが困難である場合、基地負担に見合うだけの利益を供与することで自治体の不満を管理しようとしてきた。基地関連交付金はその典型だが、このような基地行政のあり方は「補償型政治」と呼ばれることがある（カルダー 2008）。岩国でみられた在日米軍再編計画の実施過程はまさにそれであり、関連する政策主体が基地負担と政府からの利益供与の均衡を模索する過程であった。

基地負担の高まりを懸念する市民は、再編計画撤回を求める集会を開き、署名運動も展開した。2006年3月の再編計画の是非を問う住民投票では反対が多数を占め、同年4月に行われた市町村合併による市長選では再編計画撤回を主張した現職の井原勝介市長が当選した。選挙結果を受け、政府は対抗措置をとった。このことが自治体内部の対立を激化させた。たとえば、2007年度から開始される予定だった「駐留軍等の再編の円滑な実施に関する特別措置法」による交付金（以下、再編交付金）の対象となる再編関連特定周辺市町村から岩国市が除外された。岩国市と市民が長年要請していた岩国基地の民間空港利用については2003年から日米合同委員会で議論されていたが、その予算が2007年度には採択されなかった。

再編計画と他の市政を連携させる動きもあった。岩国市の愛宕山地域開発事業は、岩国基地の滑走路移設工事に必要な土砂を供給する愛宕山の跡地に、山口県と岩国市が約1500戸の住宅を供給する事業であった。しかし、埋立工事の延長や住宅販売の不振で２００７年には事業が中止された。岩国商工会議所は再編計画への協力を主張し、本事業に対する政府支援も期待したが、井原市長は再編に伴う米軍住宅への転用に反対した。

市議会は市長に対する批判を強めた。２００７年3月には「在日米軍再編に係る決議」を採択し、市長の現実的取り組みを求めた。また、市庁舎建設費用を合併特例債などから補充しようとした２００７年度予算案が市議会で4回否決された。２００７年末には岩国商工会議所を中心とする市長解職運動の動きも起こり、井原市長は予算案の採択をかけて出直し選挙を行うことにした。

２００８年2月に行われた選挙で再編計画に協力的な姿勢をみせる福田良彦氏が市長に当選した。福田新市長は再編計画に協力しながら騒音や治安問題などの基地負担について政府と協議するとし、交付金、空港利用、および愛宕山地域開発事業などへの支援も求めるとした。

## 3　基地からの利益増大

岩国市は再編に協力することで、基地から発生する利益を増大しようとした。市庁舎建設、空港利用、および愛宕山地域開発などの岩国市の政策の成否は、再編計画の受け入れと直接・間接に連動していた。

新市長が再編計画への協力を表明すると、政府は再編交付金を再開するとの方針を明らかにした。再編交付金は２０２１年度まで予定されていたが、岩国市と山口県は交付金の拡大を要請した。防衛省は２０２１年度に再編交付金が終了した後、新たに米空母艦載機部隊配備特別交付金制度を設け、２０２２年度の対象は国内で岩国基地だけとなっている。また、２０１５年からは「再編関連特別地域整備事業」制度が実施され、唯一岩国基地を対象として山口県に交付金が支給された。市と県は再編による基地負担を理由に同交付金の延長と増額を政府に要請、２０１８年からは約50億円に増額された。

交付金以外の政策にも変化がみられた。岩国飛行場の民生利用が再び推進され、２０１２年に岩国錦帯橋空港として開港した。愛宕山地域開発については、福田市長は米軍住宅として転用することを念頭に、県とともに愛宕山地域の買取りを政府に求めた。政府は２０１０年度の予算案に関連予算を計上、２０１２年に愛宕山地域の４分の３の販売契約が完了した。現在そこは主に米軍用住宅施設として使用されている。海上自衛隊の移駐計画も変更された。厚木基地に移駐する予定だった海上自衛隊について、岩国市は２００６年から地元の経済利益と震災支援の観点から、岩国基地に残るよう要請していた。当初、変更は認められないとしていた政府だったが、２０１３年の日米協議を経て、最終的に海上自衛隊の岩国基地残留を決めた。

## 4　FCLPの外部化

岩国市は、２００６年の「再編実施のための日米のロードマップ」で具体的な内容が示されなかったＦＣＬＰ施設を確実に県外に置くこと（これを本章は「外部化」と呼ぶ）で、空母艦載機部隊の移駐がもたらす最も深刻な負担を回避しようとした。

２００８年、岩国基地でのＦＣＬＰ訓練の禁止を要請した岩国市に対して、政府は岩国基地をＦ

CLP施設として指定しないものの、硫黄島の予備施設に指定されていることと、低騒音機種（E－2C、C－2）による訓練を実施する方針を明らかにした。2010年には新たに政権をとった民主党に対しても、市は岩国基地にFCLP施設を設置しない旨を再確認した。FCLP施設については、2007年以降、鹿児島県西之表市の馬毛島が候補地として取り沙汰され、西之表市はそれに対し反対を表明していた。しかし、2011年6月の日米安全保障協議委員会にて、馬毛島がFCLP施設候補地として選定されたことが発表された。その後、2019年12月に政府が馬毛島の地権者と売買契約に合意したと発表、2022年1月にはボーリング調査が終了した。しかし、現在も西之表市では賛否が分かれ、政治の争点となっている。

岩国市は再編計画の受け入れの条件としていた普天間基地の移設工事の進捗と馬毛島へのFCLP移転の決定を評価し、2017年6月に正式に空母艦載機部隊移駐を容認した。その結果、同年8月より厚木基地からの移駐が始まり、2018年3月に完了した。

## 3　補償の限界と対策

岩国市の事例からは、日本政府による補償が地元の基地負担の緩和に必ずしもつながっていないという事実も浮かび上がる。岩国市の代表的な基地負担である騒音問題を取り上げてみよう。岩国市では、政府からの交付金の一部が防音工事の費用に充てられている。その結果、**図11－3**に示したように、新たな滑走路の使用が開始された2010年以降、若干騒音が緩和されている。ところ

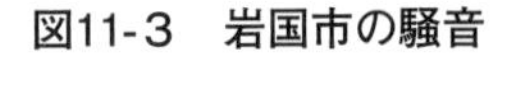

**図11-3　岩国市の騒音**

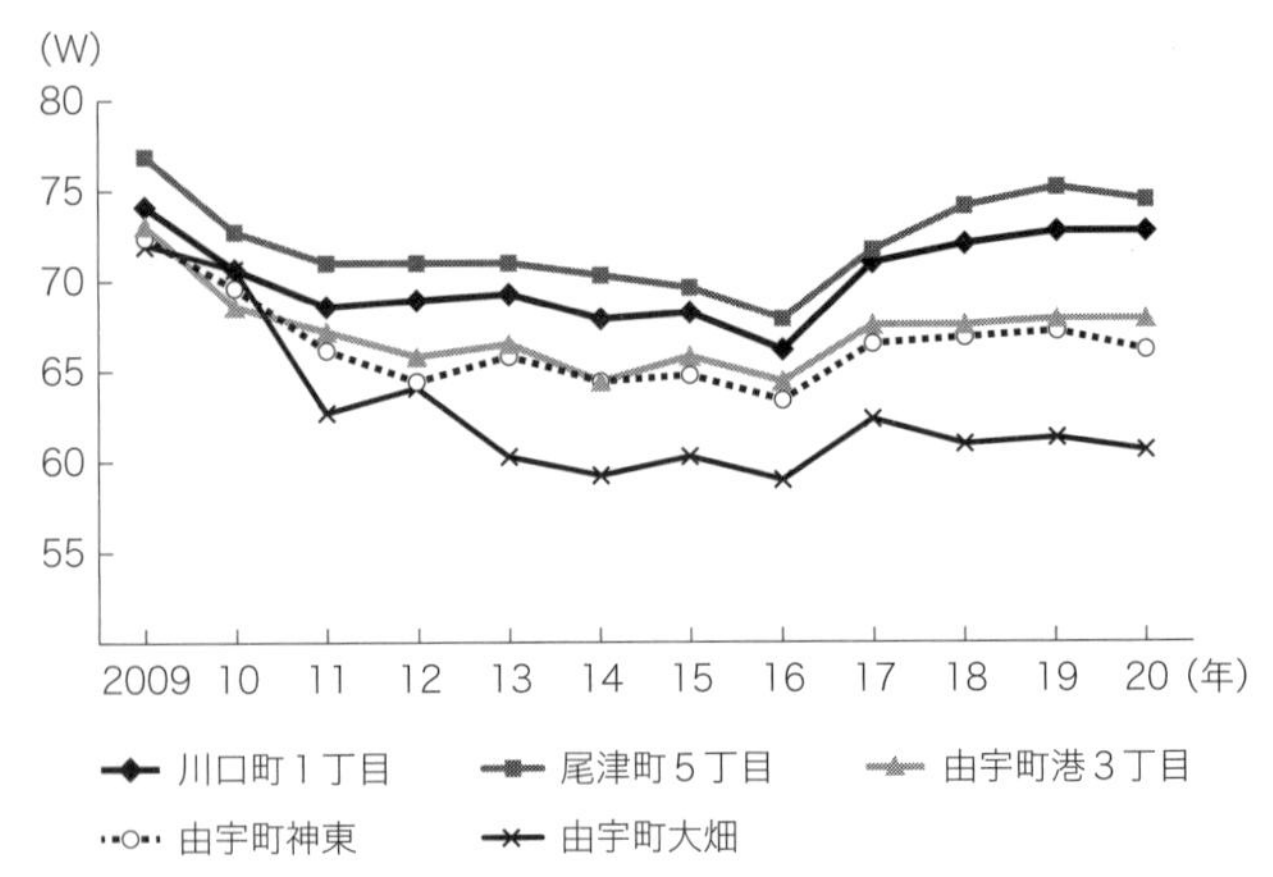


出所：岩国市ウェブサイト資料をもとに筆者作成。単位 W は WECPNL（加重等価平均感覚騒音レベル）で，各測定点の年間平均。2013 年から騒音を表す単位が WECPNL から Lden（時間帯補正等価騒音レベル）に変更されたが，過去の数値と統一するため，WECPNL を使用した。

**図11-4　岩国市航空機騒音苦情件数**

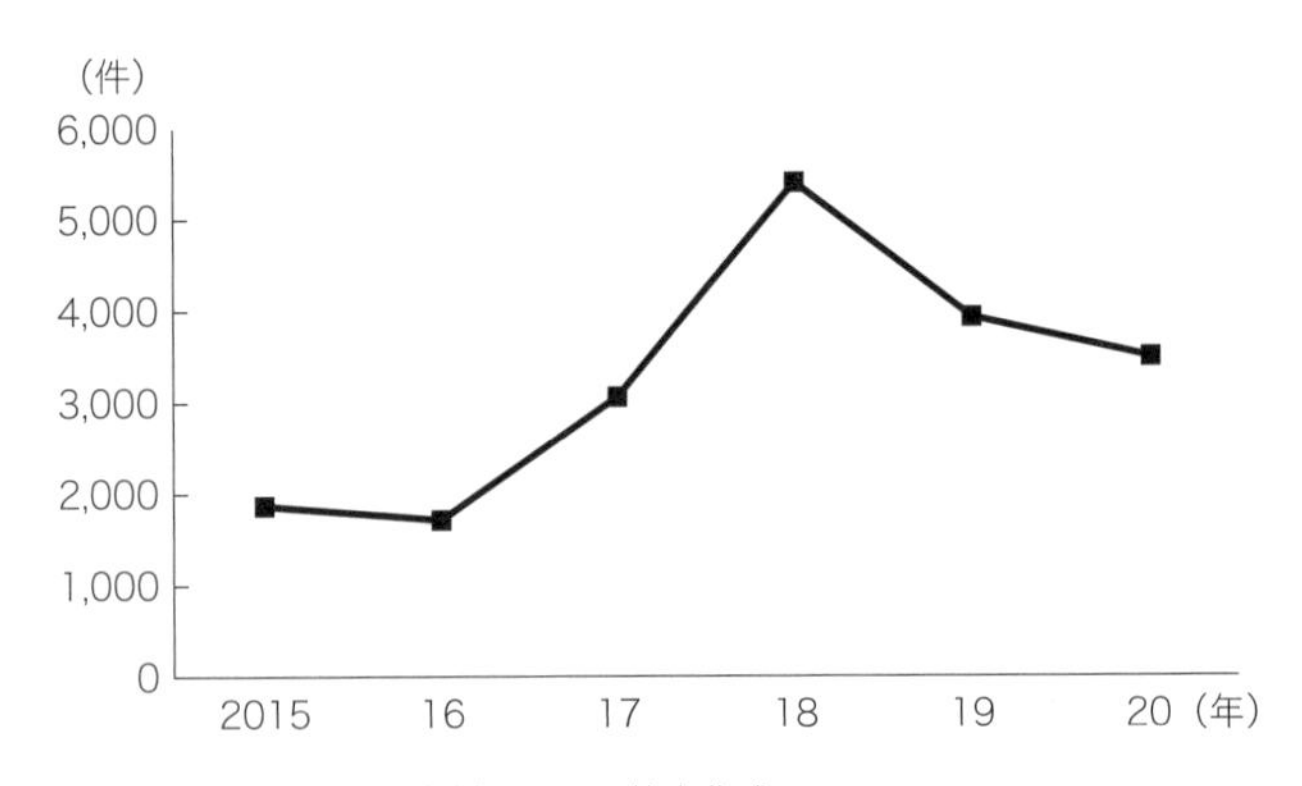


出所：岩国市ウェブサイト資料をもとに筆者作成。

が、空母艦載機部隊の移駐が始まった2017年以降はそれまでと比べて騒音が増加する傾向がみられる（図11－4）。

短期的には実現の見込みがない地位協定の改正以外に、自治体の基地負担を緩和する政策には大きく分けて2つのタイプがあるだろう。第1に、司法の判断で米軍の行動を制限することであるが、日本は米軍を司法判断の対象としていない。厚木基地の騒音訴訟はその代表例である。厚木基地の周辺住民は1976年の第1次訴訟をはじめ、2007年の第4次訴訟にわたり、国に対して騒音被害の賠償と、自衛隊および米軍の飛行の差し止めを求めたが、米軍の飛行差し止めは却下、または棄却された。米軍に対する判決内容の一部をみると、第1次訴訟において最高裁判所は、国の支配が及ばない米軍の行動の差し止めを請求することはできないと棄却した。第4次提訴においても横浜地方裁判所は米軍機の運航に対して日本政府が制限する条約または国内法令の規定が存在せず、存在しない義務について審理する意味がないとした。

岩国基地周辺の住民も自衛隊および米軍の飛行差し止めを求め、2009年に国を提訴したが、過去の騒音被害は認められたものの、米軍に対する判決は厚木基地騒音提訴と同様であった。2015年、山口地方裁判所岩国支部は米軍に対して米軍の行動に国の規制権限が及ばないとし、2021年の最高裁判所の判決においても国による賠償約7億3500万円は確定されたが、飛行差し止めは認められなかった。

第2は自治体と米軍基地の協力関係の構築である。岩国市では、2009年以降、米軍が主催する講習会（セイフティー・ブリーフィング）に岩国市長が講師として参加し、基地周辺での事件・事故の予防の重要性を指導している。また、同じく２００９年からは県、市、米軍基地の司令官などが参加する基地周辺パトロールを年1～2回実施している（岩国市 2019)。このような取り組みは始まったばかりで効果も限定的であるが、自治体が主体的に基地負担の緩和を図る試みとして注目されるだろう。

## 4　沖縄への含意

本章は岩国基地の歴史および近年の在日米軍再編計画を通じて基地政策に関わる自治体内部の主体が多様であることと、彼らの選好が岩国市を通じて政府との交渉に表れることを確認した。これをふまえ、基地行政の2つの側面について指摘したい。

まず、基地政策に関わる行政においては多様な主体をその過程に含むことである。基地政策過程に自治体が参加する必要性はしばしば議論されてきたが、そこで「自治体」が意味するものをより具体的に考えたい。岩国基地の事例をみると、基地の拡大や機能強化に反対する住民や市民団体、基地および基地関連政策と経済的利益が関連している個人や組織が存在した。これら市民レベルの主体のそれぞれの選好の集合が、岩国市長に代表される自治体レベルの選好につながっていく。そのため、そこでいう「自治体」がすべての市民の意見を代理することは難しく、これが地域社会内部での政治的対立を激化させるひとつの要因にもなる。

接受国政府と自治体との協議においては、自治体内部の市民団体、利益集団、および自治会など基地と関連する地域社会の多様な主体がそこに参加することで、基地負担と利益の問題を裁定する政府と直接にコミュニケーションすることができる。

次に、現行の基地政策に対する賛成と反対という二元的な認識を超え、代替的な政策の具体的な組み合わせを考察することが重要である。岩国市は基地から発生する利益と負担の均衡を模索し、FCLPの「外部化」を再編計画受け入れの最終条件とした。空母艦載機部隊の移駐が実施されるにつれ、交付金が増額され、自衛隊が残留するなど、すべてではないものの、岩国市の選好が政府の政策に反映された。このように基地政策に関連する主体の間で政策オプションを提示し、実施可能な案について協議し、丁寧に合意していく過程を経ることは、基地政策についてのより立体的な議論を可能にするだけでなく、基地問題の実質的な解決の可能性を模索するための民主的な政策過程を担保すると期待される。

**参考文献**

綾瀬市ウェブサイト「FCLP（陸上空母離着陸訓練）とは何ですか。」。

岩国市編『基地と岩国 平成6年版』、1994年。

岩国市編『基地と岩国 令和元年版』、2019年。

岩国基地沖合移設期成同盟会編『岩国基地の沖合移設』、2011年。

岩国市ウェブサイト「基地関係苦情及び航空機騒音について」、2022年2月2日。

ケント・E・カルダー（武井楊一訳）『米軍再編の政治学——駐留米軍と海外基地のゆくえ』日本経済新聞出版社、2008年。

山口県ウェブサイト「岩国基地沖合移設事業の概要」、2013年4月1日。

# 第Ⅳ部

# 米領

# 第12章　グアム

齊藤 孝祐

**要点**

- グアムは西太平洋の中心に位置するその地政学的な特性ゆえに、米国の安全保障戦略、ひいては日本を含むアジア太平洋地域の安定に重要な役割を果たす拠点と考えられてきた。２０２０年にはキャンプ・ブラズが新たに開設され、在沖海兵隊の一部を移転させることも想定されている。
- グアムの基地は沖縄と同様、ローカルレベルでの摩擦に直面している。基地経済やインフラ整備など、民生面での効用が期待される一方、非編入領土としてのグアムの法的地位の弱さ、また、先住民のアイデンティティの問題などともあいまって、反対運動も根強い。
- 沖縄とグアムは、こういった政策的対立軸の類似性からしばしば「比較」の対象として扱われるが、地理的な近接性ゆえにいかにこれら2つの地域が「連動」しているかという観点からも軍事戦略や負担分担の問題を眺めてみる必要がある。

# 1　基地の歴史／米国との関係

## 1　「槍の先端」として重視されてきたグアム

　グアムでは、約５４０㎢（屋久島とほぼ同じ）の総面積に対して、現在、３割程度を基地が占める。グアムは１８９８年に米西戦争の結果としてスペインから割譲され、米国領土となった。太平洋戦争の際にいったん日本が占領（大宮島と命名）したが、その後米軍が奪還し、対日戦略の拠点として北部のアンダーセン空軍基地（Andersen Air Force Base）、南西部アプラ港に位置する海軍基地グアム（Naval Base Guam）が建設された。１９４５年には米軍の海外軍事施設のうち、44％が太平洋に集中していたとされる（カルダー 2008: 37）。太平洋戦争終結後には、アンダーセン空軍基地からベトナムへの空爆を展開するなど、アジア地域に戦力を投射するための拠点として機能するようになっただけでなく、グローバルな核抑止体制の一翼を担うなど、冷戦下の米国の戦略において重要な役割を与えられてきた。

　冷戦終焉直後には、湾岸戦争に際してアンダーセン空軍基地の部隊が弾薬輸送を実施するなど、アジア太平洋地域にとどまらないグローバルなミッションも展開されるようになった。１９９０年代初頭こそ、アジア地域における基地プレゼンスの縮小がめざされ、グアムの基地も他地域と同様に再編計画の対象となったものの、冷戦後もその重要性が大きく揺らぐことはなかった。

　２０００年代以降には米国にとってのグアムの安全保障戦略上の重要性は、むしろ高まっていっ

図12-1　グアムの主な米軍基地

出所：筆者作成。

た。その背景には2つの出来事がある。ひとつは、沖縄県において1990年代に高まった基地反対の動きを受けて、グアム移転が沖縄基地問題のひとつの解決策とみなされるようになったことである。2005年2月に共同発表された「日米安全保障協議委員会（「2プラス2」）」の内容は、抑止力の維持と同時に、沖縄を含む地元の負担軽減にも目を向けたものであったが、同年に発表された「日米同盟：未来のための変革と再編」では、ハワイ、グアム、沖縄間における海兵隊の再配分方針が示された。そのうえで、普天間飛行場の移設加速と太平洋地域における海兵隊再編が関連づけられ、海兵隊のグアムおよびその他の場所に移転することが明記された（齊藤 2016: 147-148）。この取り決めは、日本の基地政策の文脈においてグアムへの注目を集めることにもつながった（図12－1）。

## 2　2000年代以降も高まり続ける軍事的価値

もうひとつの背景は、2000年代に長引いたイラクとアフガニスタンへの介入や、金融危機の発生を通じて米国の国力が低下の兆しをみせ始め、そうしたなかで米軍の世界戦略も転換を迫られるようになっていたことである。とりわけ、2008年の金融危機とそれを受けた連邦予算の削減は、米国がどの地域にどこまで資源を割くかを再考する契機となった。そのような状況のもと、2012年に発表された「国防戦略指針（Defense Strategic Guidance）」では、限られた財源のもとで台頭する中国や北朝鮮の問題に対応することを念頭に、予算や兵力をアジア太平洋地域に振り向けなおすこと、つまりリバランスの方針が明記され、米国はアジア太平洋地域において「地理的に分散され、作戦上の柔軟性を備え、政治的に持続可能な」兵力配置をめざす、いわゆる「分散配置（distributed laydown）」の方針を打ち出すこととなった。この方針において、国防総省や国務省が重視したのが、戦略的ハブとしてのグアムだったのである（齊藤 2016: 160）。

その後、米中摩擦の激化に伴って、対中戦略におけるグアムの価値はますます高まっていくことになる。2019年に国防総省が発表した「インド太平洋戦略（Indo-Pacific Strategy）」は、中国の台頭を念頭に置きつつ、グアムが「インド太平洋地域で活動するすべての米軍について、重要なオペレーションとロジスティックスを支える戦略的なハブとして機能」していることを改めて確認するものとなった。2022年に同じく国防総省が発表した「グローバル・ポスチャー・レビュー」に関する議論でも、インド太平洋地域における態勢見直しに際して優先すべき事柄のひとつとしてグアムのインフラ整備が取り上げられるなど、軍事拠点としてのグアムの重要性が低下することはない。

グアムの基地強化は、世界、米国、日米関係、そして沖縄をめぐって冷戦後に生じたこれらの流れをふまえたものであり、それが新たな海兵隊基地の開設につながることになる。2020年に米国のグアム強化策の一環として開設された海兵隊のキャンプ・ブラズ（Marine Corps Base Camp Blaz）は、2000年代を通じて日米間で懸案となってきた在沖海兵隊の移転先となることが想定されている。2022年の「日米安全保障協議委員会」による共同発表では、2024年度に4000人の海兵隊員を沖縄からグアムに移転することが改めて確認されている。

## 2　基地問題と国内政策

### 1　基地経済とインフラ問題

このようなグアムの軍事的重要性ゆえに、戦略的な観点からはグアムにおける基地設置・強化の動きが連邦政府関係者を中心に支持されることは論をまたない。カルダーは、基地受け入れ国の政

**図12-2　グアムのエスニシティ・人種構成（2010年）**

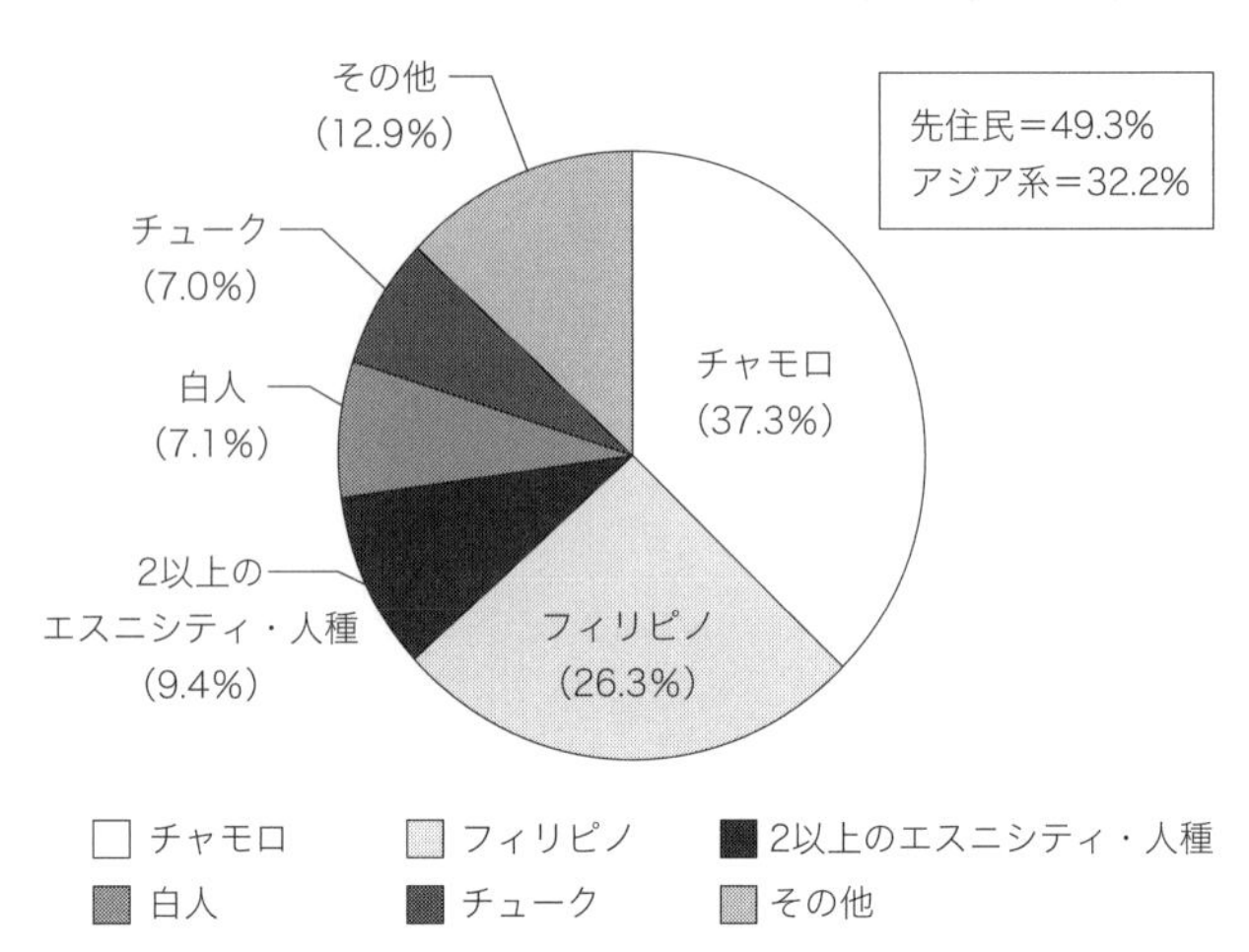


出所：United States Census Bureau, 2010 Island Areas- Guam Dataset, Ethnic Origin or Race, https://www.census.gov/data/datasets/2010/dec/guam.html をもとに筆者作成。

治的摩擦を考慮するにあたり、グアムを戦略的に重要かつ米国との「政治的結びつきが安定している」自治領として言及する（カルダー 2008: 341）。しかしもちろん、こういった捉え方はただちに政治的摩擦が現地に存在しないことを意味しない。

グアムの基地問題をめぐるローカルな政治的摩擦の背景には、ひとつに、グアムの人口構成の問題がある。２０２０年の国勢調査では、グアムの総人口は15万３８３６人とされており、２０１０年調査時の15万９３５８人に比べると３％程度減少している。２０１０年国勢調査におけるエスニシティ・人種割合は、先住民49・3％、アジア系32・2％、白人7・1％となっており、そのうち先住民のチャモロが全体の37・3％と、グアム人口のなかでも最多数を占める。このエスニシティの構成が、基地政治をめぐる経済や自決権、アイデンティティの問題とも相まって、対立軸を形成する背景となっている（図12－2）。

もうひとつの対立軸が、基地の経済的効用をめぐるものである。グアムではいわゆる基地経済が成立している。そこでは、米軍の基地建設や農産物の売買などをはじめとする経済活動のほか、雇用創出にも大きな影響を及ぼしている（長島 2015: 90-92）。２００８年当時のグアム移転の影響に関する議論では、グアム内政を所管する内務省から、経済成長や雇用創出といった利点が基地の拡張を通じてもたらされるとされている。また、基地の拡張が歳入の増加をもたらすとの指摘もある。経済は現地の利益という観点から基地を正当化するための重要な要因である。

加えて、グアムの基地拡張計画は、脆弱な民生インフラの問題、とりわけ水資源のインフラ拡充の取り組みと結びつけられてきた。基地をめぐって展開される「インフラ」の意味は2つある。ひとつは言うまでもなく、米軍が海外展開するにあたって必要な軍事資産を意味し、それは空港や港湾、通信設備、倉庫等を含めて、基地機能そのものを指す。もうひとつが、基地の整備に際して必要な生活基盤であり、上下水道や電力供給網、道路などを含めたものとなる。これはもちろん基地を運用していくうえで不可欠のものではあるが、同時に、基地が配置されている周辺自治体の生活基盤のあり方とも密接に関わるものとなる。

グアムにおける基地機能の強化は、グアムにおいて「ただでさえ不足しているインフラ」に過剰な負担をかけることへの懸念を高めた。この問題が連邦議会とグアムの政治関係者に共有されていたことも重要である。連邦議会では、基地拡張による人口の劇的増加がグアムのインフラ問題を浮き彫りにする可能性が争点のひとつとなっていたし、当時のグアム議会や政府もまた、連邦政府の支援によってインフラ整備を進めることで、基地拡張に伴う生活インフラへの影響を軽減することを求める立場をとった（齊藤 2016: 149-151）。

## 2　基地への反対論

しかしながら、前節でみた基地の戦略的意義、そして本節でここまでみてきた経済的メリットは、すべてのグアム住民にとって基地配置のデメリットを覆い隠すものとはなっておらず、実際にはさまざまな反対論が提出されている。もとより、基地強化がもたらす前述のような経済的な利益はあくまでも一過性のものであり、建設が終わればその経済は破綻するとの見方も、そのような反対論のひとつである。それに加えて、他の海外基地で問題視されている争点がグアムでも同様にみられる。

たとえば、グアムにおいても騒音や環境負荷の問題は大きい。また、グアムに重要な軍事基地が設置されていることによって、有事の際に軍事的な「標的」になることへの懸念もみられる。これは前線に位置する基地の接受国、またそこに住む人々につきまとう問題でもあるが、グアムも例外ではない。このような懸念ゆえに、２０１５～17年に国防長官を務めたカーター（Ashton Carter）は基地強化計画を進めるにあたって、北朝鮮によるミサイル攻撃からの安全性をグアムの人々に対して強調せねばならなかった。

このように、グアムにおける基地の存在を支持するか、否定するかは、今のところ米国内においても一致をみていない。さらにいえば、問題の捉え方や米軍に対する意識は、アイデンティティがチャモロ的か、グアム的か、米国的かによっても変わりうるし、多くの人々がこれら複数のアイデンティティをもっていることも議論の対立軸をますます複雑なものにしている。しかしその賛否にかかわらず、そもそもグアムの基地設置をめぐる問題の是非を誰が決めるのかという、意思決定権の所在、そしてその背景にあるほかの州とは異なる国内法上の地位の非対称性（政策決定に対する制度的権限の差異）が、それ以上に大きな問題となる。

## 3　国内法上の位置づけ

スペインからの割譲以来、米海軍による軍政が敷かれていたグアムは、1950年に民政へと移行して自治領となった。それと同時に制定されたグアム基本法（Guam Organic Act）は民政移管を実現させるための重要な手続きではあった。しかし、論争的なテーマを先送りすることによって成立を優先した結果として、グアム基本法はチャモロ人の権利をすべて保証するものとはならなかった（池田 2017）。

たしかに、グアム基本法によって住民には米国の市民権が付与された。その一方で、国政への参加は制限されたままとなった。たとえば、グアムの人々が自らの首長を選ぶ知事の公選については、1968年までその実現を待たねばならなかった。また、1972年以降、連邦議会（下院）に代表を送り込むことができるようになったが（既述の新たな海兵隊基地キャンプ・ブラズの名は、海兵隊での軍歴を経て議員を4期務めたチャモロ出身のベン・ブラズにちなんだものである）、実際の議員活動は制限されており、本会議における投票権は与えられていない。さらには、大統領選への直接的な投票権も現在に至るまで与えられていない。

もとより、グアム基本法には、グアムが米国の非編入領土（unincorporated territory）であることが明記されているが、長島の整理では、非編入領土には将来的な州への昇格は想定されていない（長島 2015: 3, 6-7）。こうした、州ではない非編入領土としての立ち位置、すなわち自治的ではありつつも、適用される憲法上の権利が部分的に制約される状態こそが、グアムにおける自決権の不在という問題が提起される法的な背景のひとつとなっている。基地拡張計画が進展するなか、依然として「このアメリカ領土（グアム）は民主主義を享受していない」とグアム知事が発言する状況があり、それはしばしば「植民地主義的」という言葉で表現されるのである。

カルダーはビエケス（プエルトリコ）における基地政治の事例に言及するにあたり、注釈付きで「国境を越えた」という言葉を使用している（カルダー 2008: 418）。それは、プエルトリコが米国の自治領ではあるものの、そこに存在する意思決定権や文化の差異などをふまえたものであった（⇒**第13章**）。グアムもまた、同様の文脈において検討されるべき事例として位置づけられるというのが、本章の議論のひとつのポイントである。グアムの基地問題は米国内政上の問題ではなく、国境を越えたところで発生しているとの意識があるからこそ、植民地という言説と結びつく。

グアムの植民地的な性質については、議論の国際化も進んできた。国連では、グアムにおけるチャモロの自治権に関する制約について問題提起もなされており、脱植民地化に向けた動きに米連邦政府や国連の支援が求められている。こういった状況に対しては、２０２１年にも国連人権高等弁務官事務所の専門家によるグアムの自治権や人権状況に関する特別報告も提出された。しかし、これに対して米国政府は対応の意思を表明しつつも、グアムが先住民を含む「グアム人(Guamanian)」によって統治されているとの見解を示しており、溝は埋まっていない。

## 4　沖縄への含意

### 1　沖縄との比較

グアムの基地をめぐる状況をふまえて、最後に沖縄と比較しながらその含意について考えてみたい。グアムの状況について沖縄との類似性を指摘する議論は多く、そこには一定の説得力もあるのだろう。しかしながら、細かくみてみると、これら2つの地域が必ずしも同じ問題構造をとっているとはいえない部分もある。

ひとつには、基地配置をはじめとする国政に対して、ローカルな課題を伝える仕組み、さらにそのうえで政策決定に影響を与えるための仕組みの問題がある。沖縄の声が国政に届きにくいことの問題もしばしば指摘されるが、声が届かないという結果は同じであっても、グアムとはそのメカニズムが異なっている。これまでにみてきたように、グアムは連邦議会における意思決定や大統領選に関与する法的な根拠をもっていない。その意味では、グアムの基地をめぐる問題について、グアム在住の人々以外の米国市民が関心をもたない限り、その解決に向けた取り組みが連邦政府で行われることはないということになる。しかし、多くの日本人が沖縄のことを日本の一部として捉え、たとえば観光目的で訪れることになるのとは対照的に、グアムのことを米国人はほとんど知らないのだとすれば、それはグアムと沖縄を比較するにあたって重要な指摘である（長島 2018）。

では、国政に届いて然るべきローカルな声とは、沖縄とグアムの間で同じものなのだろうか。沖縄と同様、グアムにおいても基地反対論が根強く存在していることはたしかだが、同時に、政治・行政レベルではその経済的な波及効果ゆえに基地の維持・強化を支持する一定の声があるうえ、一般市民レベルでもさまざまな意見がある。むしろ近年、多くのグアム住民はその経済効果を主な理由として（逆に文化的には悪影響があることを認識しながらも）、米軍基地の存在や強化を肯定的にみているとの調査もある（Hornung 2017: 66-69）。この点、しばしば県議会やマスメディアなどで「県民の総意」や「オール沖縄」という言葉で表現される沖縄の基地反対論とはやや異なる問題の構造があるといえよう。基地がもたらす経済効果が積極的に受け入れられる状況については、沖縄だけでなく、海外を含め、基地との共存を模索する他の自治体の動きと比べてみることも有益かもしれない。

## 2　沖縄との連動

このような比較の視点と同時に重要なのが、グアムの基地と沖縄の基地が相互に影響を与えあうことで生じる論点である。米軍基地の存在は、グアムと沖縄いずれにおいても、政府や同盟関係という国家（国際）レベルの軍事戦略的な観点から正当化されうる点で共通している。しかし、米軍基地が単独で機能することはなく、アジア太平洋地域においてもグアムは、沖縄やハワイ、豪州など、ほかの諸地域に配置された基地と連動してその軍事的な目的を果たすことになる。言い換えるならば、インド太平洋地域の戦略的重要性が高まっていく状況を所与とするとき、沖縄やグアムそれぞれの基地機能について考えるだけでなく、これらを含む諸地域の基地機能が全体としてどのように最適化されようとしているのかを同時に考えなければならない。

国内政治上の文脈でより重要なことは、こうした基地の特徴がローカルな負担の問題をも連動させる点にある。在沖海兵隊のグアム移転には、戦略的な動機とともに、沖縄の基地負担を和らげるという説明が付されてきたことはたしかである。しかし、現状に対する賛否は別にしても、基地の受け入れの歴史的経緯はグアムにとっても必ずしも自己決定の産物ではない。だとすれば、沖縄からグアムに軍を移転することで生じる問題を、単に「米国自身の問題を米国内でおさめる」という捉え方で片づけてしまうことができるのかどうかも考えていく必要がある。

## 参考文献

池田大祐「第二次世界大戦後におけるアメリカ知識人のグアム認識――『エスニック問題研究所（IEA）』の言論活動を素材として」『人間科学』第37号、2017年、103‐131頁。

ケント・E・カルダー（武井楊一訳）『米軍再編の政治学――駐留米軍と海外基地のゆくえ』日本経済新聞出版、2008年。

齊藤孝祐「在外基地再編をめぐる米国内政治とその戦略的波及――普天間・グアムパッケージとその切り離し」屋良朝博・川名晋史・齊藤孝祐・野添文彬・山本章子『沖縄と海兵隊――駐留の歴史的展開』旬報社、2016年、143‐171頁。

長島怜央『アメリカとグアム――植民地主義、レイシズム、先住民』有信堂高文社、２０１５年。

長島玲央「忘却できない植民地――北朝鮮の核・ミサイル開発とグアム」『Ｐｒｉｍｅ』第41号、２０１８年、57－69頁。

Jeffrey W. Hornung, *The U.S. Military Laydown On Guam: Progress Amid Challenges*, Sasakawa Peace Foundation USA, 2017, https://spfusa.org/wp-content/uploads/2017/04/The-U.S.-Military-Laydown-On-Guam.pdf.

# 第13章　プエルトリコ

大澤　傑

**要点**

- ◦基地撤退の「成功事例」とされるプエルトリコでは、基地が人々のアイデンティティをめぐる問題と関連した点に沖縄との類似性があったが、反基地運動における域外、特に米国本土からの支援者の厚さには相違があった。
- ◦プエルトリコの基地撤退の背景には、1つの事故を契機として島内アクター間の連合形成がなされた点に加え、それを支える島外のネットワークの存在があった。
- ◦アイデンティティに呼応した反基地運動の高揚は反放射能に関する国際規範の醸成と同時期に発生し、それらの結びつきによって基地撤退に帰結した。

# 1　基地の歴史／米国との関係

## 1　コモンウェルス・プエルトリコ

探検家コロンブス（Christopher Columbus）が入港した際、「¡Qué Puerto Rico!（なんと美しい港だ）」と叫んだことがプエルトリコの地名の由来であるとされている。同地における反基地運動の主たる舞台となるプエルトリコ本島から南東約10㎞に位置するビエケス島の浜辺には、反基地運動によって逮捕され、獄死したクリストバル（Angel Rodríguez Cristóbal）の像が建てられている。島の約3分の2の面積を米軍が使用してきたビエケス島のみならず、全体で約15％の土地が基地に利用されてきたプエルトリコの歴史を語るうえで基地は欠かせない。

プエルトリコはカリブ海北東に位置し、自治権をもつ米国のコモンウェルス（自治連邦区）である。同地には、プエルトリコ本島とビエケス島、クレブラ島などが含まれ、面積は沖縄本島の約7倍である（図13－1）。

人口は2021年時点で約280万人であるが、人口流出が激しい地域として知られる。後述のように、これまでの人口減にも少なからず基地が影響してきた。

近代プエルトリコの歴史は15世紀のスペインによる植民地化に遡る。そのためプエルトリコは現在でもその影響を色濃く受けている。米国に接収されたのちに英語も公用語指定されたものの、現在でもほとんどの人がスペイン語を話すという特徴をもつ。

図13-1　プエルトリコの主な基地

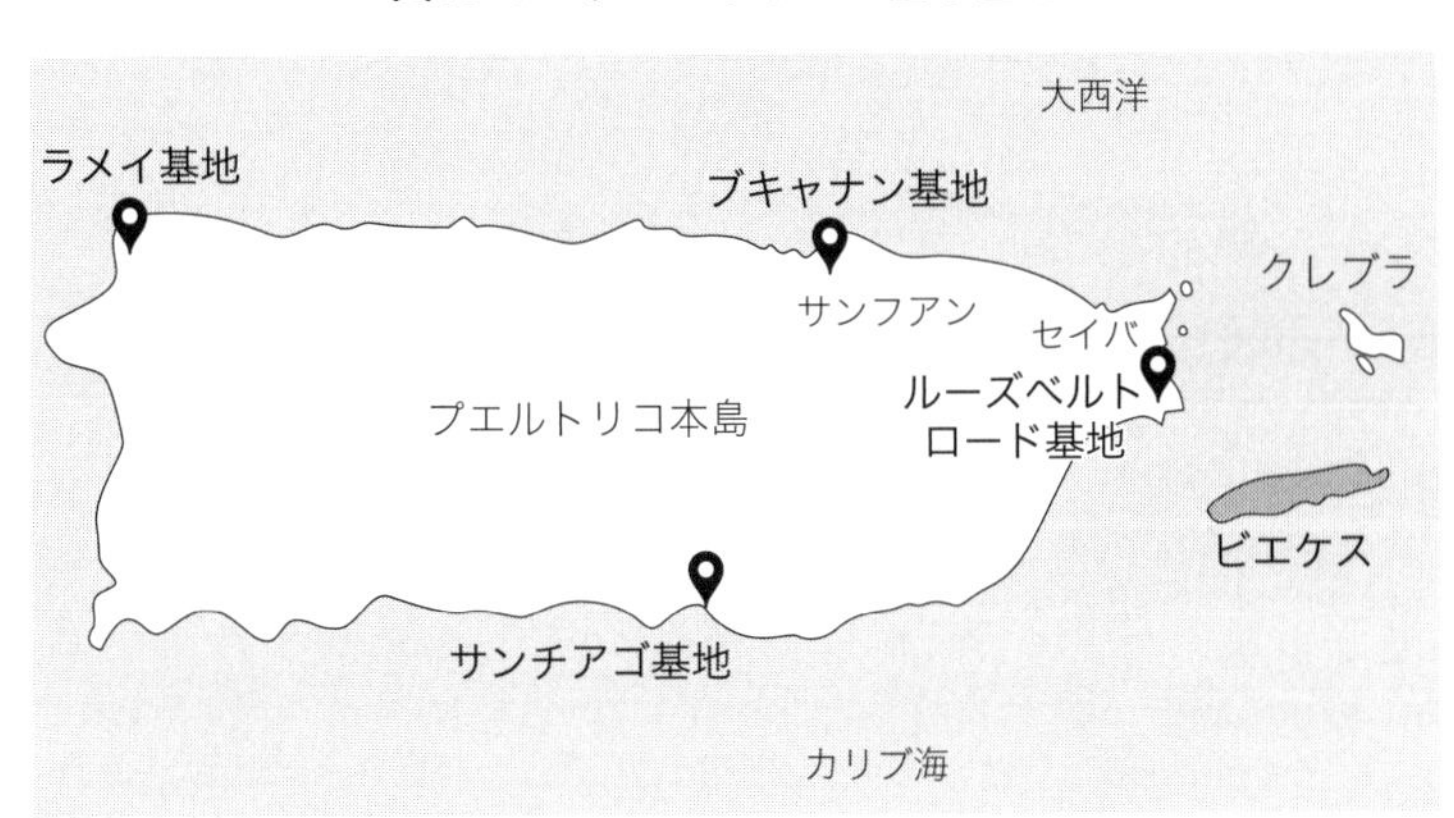


出所：筆者作成。

プエルトリコが米領となったのは米西戦争後に結ばれた1898年のパリ条約にもとづく。このとき、同地はフィリピンやグアム、キューバと同様に米国に組み込まれた。当時のプエルトリコ住民は自由を掲げる米国の占領によって、スペイン植民地時代よりも生活が改善すると考える者も多かった。実際、米連邦政府の投資によって中南米の最貧国と同程度であったプエルトリコのインフラや健康福祉・教育の状況は改善した。また、米本土の企業家はプエルトリコの砂糖産業に投資して島の生産性を引き上げたが、これに伴い米本土＝プエルトリコ間の経済的従属関係も構築された (McCaffrey 2002: 24)。

軍による統治を経て、1900年にフォレイカー法が成立し、自治政府が設立され、同地は合衆国大統領が指名する知事が管理する直轄領となった。17年にはジョーンズ法が制定され、島民は徴兵と引き換えに米国民としての市民権を獲得した。52年には現在のコモンウェルスとしての地位が確立し、独自の憲法が制定

図13-2　ビエケス

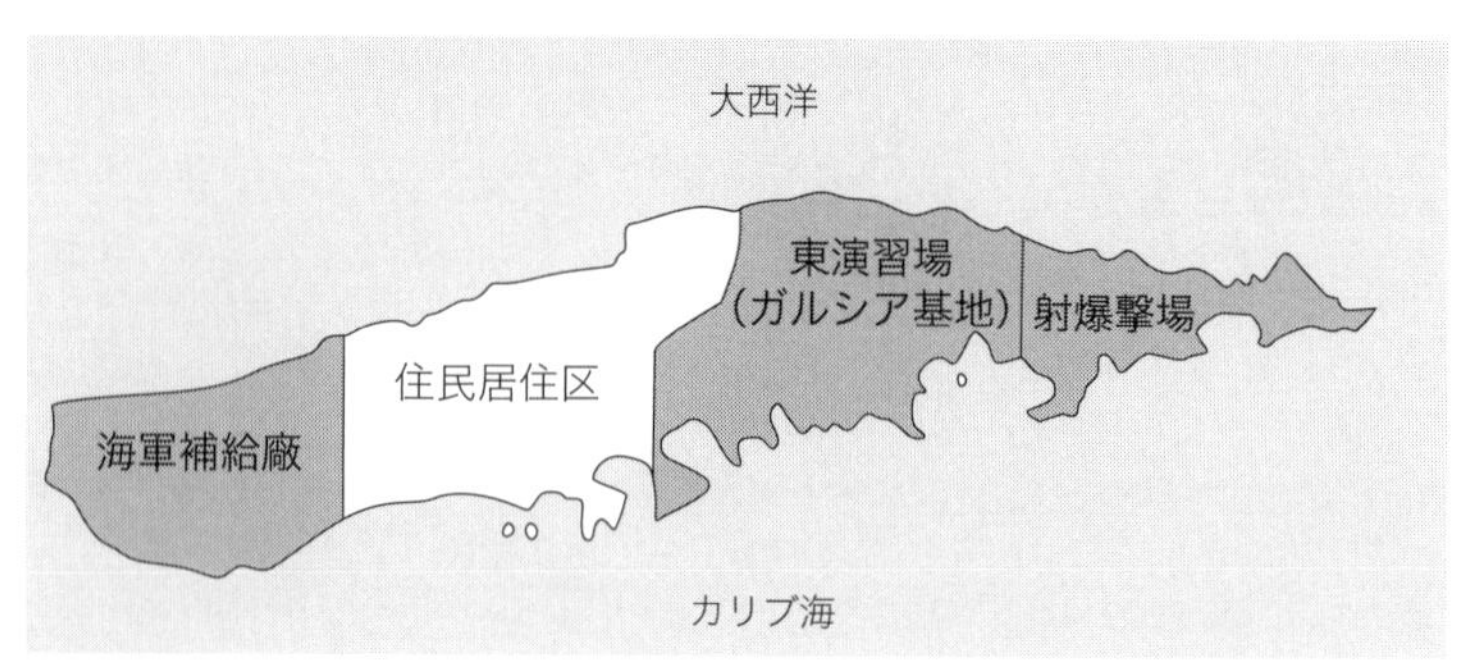


出所：筆者作成。

されるが、プエルトリコには連邦所得税の納税義務がない代わりに大統領選挙への投票権はない。ただし、合衆国下院に投票権はないが立法の提案や反対を表明することができる院内代表を選出することが認められている。

以上のような米本土＝プエルトリコ間関係は植民地主義とも言われ、しばしばその不満が噴出する。基地も米本土との従属関係の象徴として扱われてきたのである。

## 2　大戦期の基地

1900年初頭、地政学上、南北米大陸に展開可能なクレブラが米海軍に使用されるようになり、同島はカリブ艦隊の展開拠点とともに大西洋艦隊の訓練を担うようになった。

1936年にはクレブラで米海軍による射爆撃訓練が始まり、41年には当時世界最大級の海軍基地たるルーズベルトロード基地がプエルトリコ本島東部のセイバに設立された。それに伴い、米海軍は地主やプエルトリコ自治政府からビエケス島の東側と西側を約160万ドルで購入し、東側を演習・射爆撃場、西側を弾薬等の補給廠として利用するようになった。その結果、住民の島の利用は中央部のみに限定された（図13－2）。基地建設による経済的利益も期待されたが、ビエケスの主要産業であったサトウキビ畑は縮小し、多くの住民が島外への移住を余儀なくされた。大規模な訓練基地と化したビエケスは、実践的かつ多様な訓練を実施することができることから「海の大学」と称されるようになった。

第二次世界大戦に際し、プエルトリコの基地はキューバなどの周辺地域とともに増強された。その目的は、中南米地域へのナチスドイツの侵攻を防ぐことであった。特に太平洋と大西洋を接続するパナマ運河の防衛は米軍の戦略上死活問題であった。大戦がプエルトリコの基地の存在を正当化したのであった。

## 3　冷戦と基地の変容

第二次世界大戦後、中南米の基地は縮小していったが、冷戦が深まるとプエルトリコの基地の重要性は再び高まった。プエルトリコには核施設が整備され、いつでも核戦力を展開できるようになった（Muñiz 1991: 89）。1968年に成立したトラテロルコ条約において非核化が確立されていた中南米に位置しながら、米領であるために同条約に含まれないプエルトリコは核戦略において重要であった。ルーズベルトロード基地は地域におけるあらゆる軍事活動を担う南方軍の司令部を置くとともに軍事訓練や重要な軍事作戦の調整をも担い、82年のフォークランド紛争では英海軍の寄港地として利用された。

一方、50年代に生起したキューバ革命を受けて、ビエケスでは59年に海兵隊の訓練基地であるガルシア基地が設立され、水陸両用作戦訓練や爆撃機の発進訓練などが行われるようになり、中南米で誕生し始めていた反米左派政権が地域に広がることを防ぎ、時にはそれらの国に介入するための拠点としての役割を担った。実際、キューバのピッグス湾（61年）、ドミニカ共和国（65年）、グレナダ（83年）などへの侵攻においても同島で訓練が行われ、NATO諸国も軍事演習に同島を利用した。他方、プエルトリコ唯一の空軍基地であったラメイ基地はICBM（大陸間弾道ミサイル）の発達により不要とされ、70年代には閉鎖された。

ビエケスでは世界各地で発生する戦争に対処するため、80年代から劣化ウラン弾、90年代からナパーム弾の実弾訓練が実施されるようになった。訓練は年平均180日行われ、約1500トンもの爆弾が使用された。

冷戦末期、中南米で米軍の影響力が低下すると周辺基地の閉鎖が進むも、地域秩序を維持するため、85年にはプエルトリコ州兵の訓練施設であるサンチアゴ基地にドミニカ共和国、ジャマイカなどの周辺諸国の軍が訓練できる機能が備えられた。また、サンファアンに位置するブキャナン基地では島内での反乱に対応するために必要な諜報や兵站、訓練機能が構築された。ルーズベルトロード基地はFBI（米連邦捜査局）と連携し、プエルトリコの独立をめざす独立派の弾圧の拠点ともなっていた。米国防総省は、外のみならず内からの脅威に対処するため基地の閉鎖に消極的であった。

冷戦終結後、キューバとソ連の関係が弱まり、ニカラグアやパナマで親米政権が誕生した。これにより、プエルトリコの基地の役割は縮小するかに思われたが、米海軍は中南米地域における麻薬調査を行うためのROTHR（移動式超水平線レーダー）をビエケスなどに設置した。冷戦後のプエルトリコは対麻薬戦争の中心的な機能を期待されたのであった。

以上のように、歴史を通じてプエルトリコの基地は米国の中南米地域への関与のみならず国家安全保障のために目的と機能を変えて維持されてきた。キューバのグアンタナモ基地の使用に政治的な制限があることや、99年に在パナマ米軍基地撤退が決定されていたこともあり、米領であるがゆえに「使いやすい」プエルトリコの基地の重要性は常に高かった。

しかし、後述するようにビエケスで起こった一人の民間人を巻き込んだ事故をきっかけに、米軍はプエルトリコから撤退することとなる。

## 2　基地問題と反基地運動

### 1　初期の反基地運動

基地が拡大する戦間期において、プエルトリコにおける反基地運動は限定的であった。これは反ファシズム意識が同地内でも共有されていたからであった。また、この段階では島民は基地設置に伴う経済的利益を期待していた。40年代後半には、プエルトリコ自治政府は免税などによって島外からの投資を喚起して、農業中心経済からの脱却をめざす経済政策（ブートストラップ作戦）を実施した。ここには島民3分の1の米本土への移住も含まれていた。当時のプエルトリコは人口過多であり、移住によって失業者を減らすことができるとみなされていたのである。以後、同地からは断続的な米本土への人口移動が続き、米国各地でプエルトリコ人コミュニティが形成された。これらが後に基地撤退のために連帯していくこととなる。このような政策により、プエルトリコ経済は一時的に成長したが、60年代には米本土への貿易依存に伴う経済停滞が表出した。

１９４8年、それまで大統領による指名であったプエルトリコ知事の公選制が導入されると、プエルトリコは安全保障政策をめぐって米連邦政府や米軍と交渉していくこととなる。ただし、当時の主な争点は、自治権が小さいにもかかわらず、同地の若者が米本土に比して多数徴兵の対象になっていることなど、基地よりも政治的地位に関するものであった。分離独立を求めて大統領暗殺を企てる過激な独立派も存在したため、米連邦政府は52年に自治権拡大を認め、同地のコモンウェルスとしての地位を承認した。

このような状況下、初期の反基地運動は基地建設によって強制移住を求められた人々によって表出した。主たる争点は、基地設置に伴い、農業に依存してきたクレブラやビエケスが深刻な経済ダメージを受けたことに伴う経済的不平等と、それに付随する反植民地主義であった。基地設置の際、ビエケスやクレブラの島民は経済的利益を期待したが、配置された軍人やその家族の多くはプエルトリコ本島での生活を選択したため、両島への経済効果は限定的であった。これは、両島の主たる基地機能が演習・射爆撃訓練であったためでもあった。実際、ビエケスでは70年代で総計１００人以下の直接雇用しか生み出されなかった（McCaffrey 2002: 12）。

しかしながら、後述するように冷戦の文脈においてほとんどの反基地運動は大規模化しなかった。独立派も独立と基地を結びつけて活動を展開しようとしたが、多くの住民は独立によって貿易や援助による利益が減少する可能性が高いと考えていたため、それを支持する者も少なかった。

## 2　拡大する反基地運動

プエルトリコで最初の大規模な反基地運動は70年代に始まった。この運動は射爆撃訓練を拡大するためクレブラで再び強制移住が求められたことに対し、住民が反発したものだった。拡大するデモに対し、1971年にニクソン（Richard Nixon）大統領はクレブラからの米海軍の撤退を命じた。しかし、クレブラからの撤退はビエケスへの射爆撃訓練の集中につながった。

折しも、ビエケスでも米海軍と住民との紛争が勃発し始めていた。基地設置と引き換えに60年代には同島のリゾート化が検討され、ホテルの建設や米連邦政府による投資が行われていたが、米海軍はリゾート化が進めば騒音問題などが生じるとともに、訓練機能の縮小が懸念されるとしてこれに反発し、計画を断念させた。78年にはＮＡＴＯ諸国が大規模な軍事演習を計画し、地元漁師に漁の停止を求めたことに端を発し、漁師らが経済および生態系への影響に対する抗議として制限海域に侵入する、いわゆる漁師闘争が起きた。この闘争は、農業縮小の結果、漁業に転身した者が中心となったため反植民地主義の象徴とされた（McCaffrey 2002）。同年にはプエルトリコ知事ロメロ（Carlos Romero Barceló）がサンフアンの連邦地方裁判所にビエケスでの軍事演習の中止を訴えた。翌79年には、本章冒頭で紹介したクリストバルを含む21人がビーチでの座り込みなどによる反基地運動を展開し、逮捕されるという事件も相次いだ。

こうした事態に至って、83年には米海軍と自治政府の間で「米海軍はビエケスにとって良き隣人であり、職をもたらし、自然と生態系を守り、安全な軍事演習を維持する」とするフォーティン協定が結ばれた。プエルトリコ本島の政治指導者らは、いまだ基地による経済効果を期待しており、事態を収束させる代わりにビエケス経済に米海軍が関与する約束を取りつけたのであった。これにより、ビエケスに経済的利益がもたらされることが期待された。

冷戦下において、自治権の拡大をめざして米連邦政府との関係を損ねることを懸念するプエルトリコ知事は共産主義との対決のために基地を容認していた。基地に伴う事故や事件は度々発生していたが、反基地運動は反米運動と同一視され、広く支持を集めることはできなかった。また、反基地運動は経済格差や自治権の獲得などのように主導する者によって争点が異なったため一体性を欠いていた。

こうしたなか、80年代末期になると、前述のフォーティン協定が守られておらず、ビエケスで枯葉剤の使用や劣化ウラン弾による射撃訓練が実施されていることや、それに伴う放射能や水質汚染などの環境問題が指摘されるようになり、住民のがん発症率がプエルトリコ本島の住民と比べて27％も高いなど深刻な健康被害が生じていることが明らかとなった。

周辺地域においても親米政権が誕生しており、プエルトリコの基地の重要性は低下したと思われた。さらに、91年には同じように射爆撃場となっていたハワイのカホオラウェ島での軍事演習が終了し、同島は93年にハワイ州政府に返還されていた。

環境汚染や協定違反に対する米海軍への猜疑心や国際環境の変化は、分散していた反基地運動が集結する兆しであった。

## 3　基地の撤退：島内における運動の統合と島外におけるネットワーク

１９９９年4月19日、ビエケスで当時35歳だったサネス（David Sanes Rodríguez）が死亡する米軍による誤爆事故が発生した。これに対し、多くの現地住民が演習中止を求めて基地周辺で抗議行動を開始した。ここにプエルトリコ最大宗派であるカトリック教会が加わったことにより、反基地運動は反米と同一視されなくなった（McCaffrey 2009: 228）。分散していた島内の争点が演習中止で一本化されたのである。これに対し、米連邦政府は抗議者の一部を逮捕するも、その行動が不当な扱いを受けてきたと認識する３３００万人（全体の約12％）の米本土で生活するヒスパニックの感情に訴え、各地での抗議行動につながった。かねてからの人口流出により、プエルトリコ人の半数は米本土に居住していたとされ、１００以上のプエルトリコ人組織が各地でロビイング活動を展開していた。１００万人以上からなるプエルトリコ人コミュニティが構築されていたニューヨーク州では、プエルトリコ人の意向を無視して州全体を選挙区とする知事や上院議員への当選は難しいとされていた（Barreto 2002）。ゆえに、当時のニューヨーク知事や、同州から上院議員選挙への出馬をめざしていた大統領夫人ヒラリー・クリントン（Hillary Clinton）もビエケスからの米軍撤退を支持した。さらに、アフリカ系米国人も同じマイノリティとして抗議行動を後押しした（Colón and Rivera 2006）。

基地撤退の声は国際的に拡大し、沖縄をはじめとする世界中の反基地運動のネットワークと連携した。たとえば、沖縄から支援に訪れた人々は運動の戦略や基地を取り囲むサイクロンフェンスの切り方などを共有し、自国でもビエケスでの射爆撃訓練に反対するプラカードを掲げた（Davis

2017)。

さらに当時は、40年代から50年代にかけて米国による核実験が行われたビキニ環礁で国際原子力機関による放射能調査がなされ、同環礁が定住に適さないと結論づけられるなど、放射能汚染に伴う環境・健康問題に国際社会が注目していた。その時期に発生した誤爆事故はビエケスの問題を白日の下にさらしたのである。その結果、国内外からビエケスに対する人的・経済的支援がなされるようになり、環境活動家で弁護士のケネディ・ジュニア（Robert Kennedy Jr.）をはじめとする著名人が次々とビエケス入りした。ダライ・ラマ14世（Dalai Lama）やメンチュウ（Rigoberta Menchú Tum）といったマイノリティの人権を訴えたノーベル平和賞受賞者もビエケス問題に言及し、同地は世界中の注目を浴びることとなった。

その後、当時のクリントン（Bill Clinton）政権は、反基地派をなだめつつ軍に配慮するために逮捕した抗議者の一部を解放したうえで、２０００年春に訓練を再開することを宣言した。さらに、米連邦議会に設置された小委員会は射爆撃訓練に訓練弾を用いるとしたうえで、それを年90日以内とし、ビエケスに４０００万ドルの援助を行うことを提案した。プエルトリコ知事ロセリョ（Pedro Rosselló）は同案を一旦は拒否したものの、翌年、２００3年までに訓練を中止するか、経済支援を受けながらその後も訓練を継続するかを住民投票によって決定する協定に署名した。

こうしたなか、２０００年5月から訓練が再開され、これに反発する住民からは多数の逮捕者が出た。これに対し、米本土でもニューヨークのヤンキースタジアムに米軍撤退を求めるプエルトリコ人青年が乱入したり、自由の女神にビエケスの平和を求める旗が掲げられるなどの出来事があった。これを受けて、同年の大統領選挙では共和党・民主党両陣営がビエケスでの軍事演習の継続に否定的な姿勢を示した。翌年6月には国連脱植民地化委員会がビエケスでの軍事演習の中止を求め、7月には基地撤退を掲げてプエルトリコ知事に当選したカルデロン（Sila María Calderón）が住民投票を実施し、68％が即時撤退を求めていることを米連邦政府に示した。

9月11日の世界同時多発テロを受け、大規模な演習・訓練が可能なプエルトリコの基地の重要性は再び高まるかに思われた。前述のとおり、同地の基地は麻薬戦争の中枢でもあった。さらに、米海軍は国際的に注目されるプエルトリコに対して基地をめぐって譲歩することで、沖縄、韓国などの基地を抱える地域に反基地運動が拡大することにつながることを懸念していた（McCaffrey 2009: 230）。しかし、国内外からの支持を憂慮したブッシュ（George W. Bush）政権は２００３年5月をもってプエルトリコの基地撤退を決定した。同決定に米軍は最後まで反対した。サネスの死が分散していたプエルトリコの反基地運動を一体化させるとともに、国内外にプエルトリコの基地問題を広報したのであった。

## 3　沖縄への含意

プエルトリコは、基地撤退の「成功事例」として沖縄の基地問題を検討する際にしばしば参照される事例である。事実、プエルトリコの基地問題は、基地がアイデンティティをめぐる問題に関連した点、基地をめぐって域内においても意見の相違があった点は沖縄と類似する。

しかしながら、本章でみてきたとおり、反基地運動における域外、とりわけ米国内の支援者の厚さには明白な相違があることは指摘すべきであろう。

プエルトリコはコモンウェルスであるため、州と比べると国政に対する影響力が小さいことは前述のとおりである。これが基地問題に影響を与えた点は否めない。たとえば、プエルトリコで反基地運動が展開されても、基地の運用に関する決定権はあくまで米連邦政府にあった。大統領選挙に加え、米連邦議会でも投票権をもたないプエルトリコは基地に直接影響力を行使することができないのである。この点は主権国家の基地政治とは異なる。

さらに、島内の基地に対する認識も一様ではなかった。プエルトリコでは、かねてから政治的地位をめぐって州昇格（自治権拡大）派、現状維持派、独立派が存在してきた。住民の多数派は米国に留まることが有益であると考えていたため、前二派から選出されてきた歴代知事は、米連邦政府の安全保障戦略に配慮して基地設置・維持に肯定的であったのに対して、独立派やビエケス市長は否定的であった。このような基地をめぐる内政の分断は反基地運動が一体化しない要因でもあった。以上から、プエルトリコの政治的地位の問題がそのまま基地の撤退に帰結したとは言い切れない。むしろ知事による自治権拡大のための政治戦略にもとづいて、反基地運動は抑制されてきたともいえる。

このような状況において、誤爆事故後にみられた基地撤退への過程は、米本土のヒスパニックコミュニティの存在に支えられていた。実際、プエルトリコ人のほとんどはスペイン語話者で、米本土のヒスパニック系米国人とアイデンティティを共有してきた。ゆえに、ビエケス問題に際して米本土からの広い支援を受けることができた。二級市民とも呼ばれた米本土のプエルトリコ人は、マイノリティとして社会・経済的に不利益を受けているという認識を基地問題に投影し、各地で基地撤退を支持する行動を展開した（Barreto op.cit）。

さらに、放射能汚染をめぐる国際世論の高まりと同時期に表面化したビエケスの問題は、国際社会の衆目を広く集めることにつながった。いわば、プエルトリコの反基地運動は、一部の人にとっては人権や環境という規範的な争点としてフレーミング（解釈）され、米本土のヒスパニックやその他のマイノリティにとっては米国政治に対する市民権運動の一環として捉えられたのである。このような広い解釈の枠組みが島外における反基地の声を拡大させた。

つまり、米領にありながらもプエルトリコの反基地運動が基地の撤退に結びついたのは、米連邦政府の政策に影響を与えるほどのアイデンティティを基礎とした米本土における人的ネットワークの存在と、反放射能に対する国際規範醸成の高まりが組み合わさったからであるともいえる。これが基地に直接的な影響力をもたないプエルトリコから反基地運動によって基地が撤退した要因であった。

### 参考文献

Amílcar Antonio Barreto, *Vieques, the Navy, and Puerto Rican Politics*, University Press of Florida, 2002.
Humberto García Muñiz, "U.S. Military Installations in Puerto Rico: An Essay on Their Role and Purpose," *Caribbean Studies*, Vol.24, No.3/4, 1991, pp.79-97.

José Javier Colón Morera and José E. Rivera Santana, "New Dimensions in Civil Society Mobilization: The Struggle for Peace in Vieques," Ramón Bosque-Pérez and José Javier Colón Morera eds., *Puerto Rico under Colonial Rule: Political Persecution and the Quest for Human Rights*, State University of New York Press, 2006, pp.207-232.

Katherine T. McCaffrey, *Military Power and Popular Protest: The U.S. Navy in Vieques, Puerto Rico*, Rutgers University Press, 2002.

Katherine T. McCaffrey, "Environmental Struggle after the Cold War: New Forms of Resistance to the U.S. Military in Vieques, Puerto Rico," Catherine Lutz ed., *The Bases of Empire: The Global Struggle against U.S. Military Posts*, Pluto Press, 2009, pp.218-242.

Sasha Davis, "Sharing the Struggle: Constructing Transnational Solidarity in Global Social Movements," *Space and Polity*, Vol.21, Issue.2, May 2017, pp.158-172.

# あとがき

沖縄の基地問題は複数の人文・社会諸学、たとえば、社会学、歴史学、地域研究、経済学、政治学などの専門家の協力によってはじめてその全体像を描写できるものである。このことはいくら強調してもしすぎることはない。それは本書が対象とする読者に、沖縄の基地問題の理解にはあたかもすでに確立された「何か」があり、それを他の社会問題と同じように特定の本や論文を通じて学ぶことができると誤解させないためにである。

その意味からして、本書はなるほど外交史、地域研究、社会学、国際政治学の専門家による学際的な試みだったかもしれないが、それでも沖縄の基地問題の全体的な理解には及ばないだろう。読者には本書に足りないものは何かを考えてもらい、そこから次の本、そしてまた次の本へと手を伸ばしてもらいたい。本書があえて結論の章を設けなかったのも、編者のそうした意図によるものである。

学問の世界では日々、さまざまな角度から沖縄の基地問題についての探求が行われている。しかしその反面、研究の対象はいよいよ細部へと向かい、一般の読者には容易に理解しがたいものになっている。せっかくの専門家の言葉が必要なところに届いていない。政治の舞台でもメディアの報道でも、そこで飛び交う言葉には「木を見て森を見ない」ものが多く含まれるが、その責任の一端は専門家の側にもあるのだろう。

それゆえ、本書は一般の読者に向けて「森」を描こうとした。本書のベースになっているのは専門書、『基地問題の国際比較――「沖縄」の相対化』(同編者、明石書店、2021年)である。実は、こちらには比較の視座から得られた基地問題の解決策のメニューが示されている。他国の事例の安易な援用は厳に慎むべきだが、それでもこれまで日本で論じられてこなかった新しいアイデアは一考に値するはずである。関心のある方には本書の応用編として読んでもらいたい。

今回の執筆者の多くは、ふだん沖縄をフィールドとしていないし、基地問題に対する見方も開放的である。だからこそというべきか、俯瞰的な視野に立ち、新たな洞察を示していただけたと思っている。もちろん、沖縄の基地問題に詳しい読者からみれば、いささか大胆に思われる記述もあったかもしれない。しかし、専門分野の異なる執筆者間のそうした筆致や解釈の多様性のなかに、まだ十分に理解が確立していない沖縄の基地問題の奥行きを感じてもらえたらと願う。

最後に、今回も本の編集を担当してくださった明石書店の上田哲平さんに感謝したい。上田さんとはすでに4冊目の仕事だが、優れた編集者との出会いが一研究者の人生にとっていかに得難いものであるかを改めて感じている。

2022年5月　沖縄本土復帰50年の日を前に

編者　川名 晋史

**齊藤 孝祐**（さいとう こうすけ） 第12章

上智大学総合グローバル学部准教授。博士（国際政治経済学）。主著に「米国における AI 戦略の展開とコンセンサス形成の課題」(『軍縮研究』第 11 巻 1 号, 2022 年, 23-36 頁), "How Have the U.S. Interests in Greenland Changed?: Reconstructing the Perceived Value of Thule Air Base After the Cold War"（Minori Takahashi ed., *The Influence of Sub-state Actors on National Security: Using Military Bases to Forge Autonomy,* Springer, 2019),『軍備の政治学──制約のダイナミクスと米国の政策選択』（単著, 白桃書房, 2017 年）など。

**大澤 傑**（おおさわ すぐる） 第13章

愛知学院大学文学部講師。博士（安全保障学）。主著に『独裁が揺らぐとき──個人支配体制の比較政治』（単著, ミネルヴァ書房, 2020 年),「米比関係と非対称理論──在比米軍基地を事例として」(『コスモポリス』第 16 号, 2022 年, 17-27 頁),「ニカラグアにおける個人化への過程──内政・国際関係／短期・長期的要因分析」(『国際政治』第 207 号, 2022 年, 33-48 頁）など。

**石田 智範**（いしだ とものり） 第8章

防衛省防衛研究所戦史研究センター主任研究官。修士（法学）。主著に「日米関係における対韓国支援問題，1977-1981年」（『国際政治』第176号，2014年，14-28頁〔日本国際政治学会奨励賞〕），「戦後日本のアジア外交と朝鮮半島――秩序変動期における緊張緩和の模索，1969-1973年」（『法学政治学論究』第109号，2016年，35-66頁），「米韓同盟における基地政治――『同盟の再調整』と基地契約の見直し」（川名晋史編『基地問題の国際比較――「沖縄」の相対化』明石書店，2021年）など。

**福田 毅**（ふくだ たけし） 第9章

国立国会図書館調査員，拓殖大学大学院非常勤講師。修士（国際政治学）。主著に『アメリカの国防政策――冷戦後の再編と戦略文化』（単著，昭和堂，2011年），「2000年代以降の在欧米軍再編の動向――ロシアによるクリミア併合後の態勢強化を中心に」（『レファレンス』2017.12），「『非人道的』兵器のスティグマタイゼーションを再考する――クラスター弾禁止と禁止賛同派の戦略」（榎本珠良編『禁忌の兵器――パーリア・ウェポンの系譜学』日本経済評論社，2020年）など。

**大木 優利**（おおき ゆり） 第10章

東京工業大学URA。Ph.D.（International Studies）。主著に“The Dynamics of Communal Violence during Civil War: The Inter-play of Violence of Non-State Armed Actors and Clan Groups in the Muslim Communities of the Southern Philippines”（*Japanese Political Science Review*, Vol.4, 2018, pp.87-115），“Micro and Macro Level Violence Interaction in Civil War”（*The Graduate Institute*, 2016）など。

**辛 女林**（しん よりむ） 第11章

東京工業大学リベラルアーツ研究教育院特別研究員。博士（法学）。主著に「空母艦載機部隊の岩国基地への移駐――基地政策における負担と経済的利益の配分」（川名晋史編『基地問題の国際比較――「沖縄」の相対化』明石書店，2021年），「在日米軍政策におけるアクター間の合意過程」（『一橋法学』第17巻2号，2018年，481-515頁）など。

**波照間 陽**（はてるま しの） 第4章

沖縄国際大学沖縄法政研究所特別研究員。博士（学術）。主著に「スペインの民主化と基地の返還合意——1980年代後半のトレホン基地返還をめぐる二国間交渉と米国の対応」（川名晋史編『基地問題の国際比較——「沖縄」の相対化』明石書店，2021年），“Okinawa’s Search for Autonomy and Tokyo’s Commitment to the Japan-U.S. Alliance”（Minori Takahashi ed., *The Influence of Sub-state Actors on National Security: Using Military Bases to Forge Autonomy,* Springer, 2019）など。

**今井 宏平**（いまい こうへい） 第5章

日本貿易振興機構アジア経済研究所地域研究センター中東研究グループ研究員。Ph.D.（International Relations），博士（政治学）。主著に『教養としての中東政治』（単編著，ミネルヴァ書房，2022年），『クルド問題——非国家主体の可能性と限界』（単編著，岩波書店，2022年），『トルコ現代史——オスマン帝国崩壊からエルドアンの時代まで』（単著，中央公論新社，2017年）など。

**溝渕 正季**（みぞぶち まさき） 第6章

広島大学大学院人間社会科学研究科准教授。博士（地域研究）。主著に『同盟の起源——国際政治における脅威への均衡』（共訳，ミネルヴァ書房，2021年），『「アラブの春」以後のイスラーム主義運動』（共編著，ミネルヴァ書房，2019年），「サウジアラビアにおける米軍基地と基地政治」（川名晋史編『基地問題の国際比較——「沖縄」の相対化』明石書店，2021年）など。

**本多 倫彬**（ほんだ ともあき） 第7章

中京大学教養教育研究院准教授。博士（政策・メディア）。主著に *Japan’s Peacekeeping at a Crossroads: Taking a Robust Stance or Remaining Hesitant?*（Co-authored, Palgrave Macmillan, 2022），『平和構築の模索——自衛隊PKO派遣の挑戦と帰結』（単著，内外出版，2018年），「民主党政権による国際平和協力の再評価」（『年報政治学』2020-1号，2020年，178-200頁）など。

［編　者］

**川名 晋史**（かわな しんじ）　はしがき, 序章, あとがき

東京工業大学リベラルアーツ研究教育院准教授。博士（国際政治学）。主著に *Exploring Base Politics: How Host Countries Shape the Network of U.S. Overseas Bases*（Shinji Kawana and Minori Takahashi eds., Routledge, 2021),『基地の消長 1968-1973――日本本土の米軍基地「撤退」政策』(単著, 勁草書房, 2020 年〔猪木正道賞特別賞〕),『基地の政治学――戦後米国の海外基地拡大政策の起源』(単著, 白桃書房, 2012 年〔佐伯喜一賞〕）など。

［執筆者］

**池宮城 陽子**（いけみやぎ ようこ）　第1章

日本学術振興会特別研究員 (PD)。博士 (法学)。主著に「米海兵隊の沖縄移駐決定過程, 1953-1955」(『法学研究』第 94 巻 2 号, 2021 年),『沖縄米軍基地と日米安保――基地固定化の起源 1945-1953』(単著, 東京大学出版会, 2018 年〔猪木正道賞奨励賞〕),「沖縄をめぐる日米関係と日本再軍備問題」(『防衛学研究』第 57 巻, 2017 年）など。

**高橋 美野梨**（たかはし みのり）　第2章

北海学園大学法学部准教授。博士（国際政治経済学)。主著に “The Inuit of Greenland: Doing Area Studies on the Compromise between Reciprocity and Utility”（*Inter Faculty*, Vol.11, 2022), “Inklusion, imagepleje eller nødvendighed? Basepolitik i Grønland og politisk kultur i Danmark”（Corresponding author, *Økonomi & Politik*, Vol.94, No.2, 2021), *Exploring Base Politics: How Host Countries Shape the Network of U.S. Overseas Bases*（Shinji Kawana and Minori Takahashi eds., Routledge, 2021）など。

**森 啓輔**（もり けいすけ）　第3章

専修大学経済学部専任講師。博士（社会学)。主著に『統治と抵抗の社会学――戦後沖縄本島山原をめぐる軍政, 開発, 社会運動』(単著, ナカニシヤ出版, 近刊),『島嶼地域科学を拓く』(分担執筆, ミネルヴァ書房, 2022 年), *Borders in East and West: Transnational and Comparative Perspectives*（Co-authored, Stefan Berger and Nobuya Hashimoto eds., Berghahn Books, 2022）など。

# 世界の基地問題と沖縄

2022年7月30日　初版第1刷発行
2022年11月1日　初版第2刷発行

編　者——川　名　晋　史
発行者——大　江　道　雅
発行所——株式会社 明石書店

〒101-0021　東京都千代田区外神田6-9-5
電話 03（5818）1171　FAX 03（5818）1174
https://www.akashi.co.jp/

装　幀　　清水肇（prigraphics）
印刷・製本　日経印刷 株式会社
ISBN 978-4-7503-5412-5 
（定価はカバーに表示してあります）